## ひと目でわかる Azure Active Directory

エディフィストラーニング株式会社 著
竹島 友理

日経BP社

# 待ちに待った Azure Active Directory の初級者本

　「認証」や「認可」は、世の中のほぼ全ての人がかかわる仕組みであるにもかかわらず、それを支えるテクノロジーの習得難易度は高いと言えます。特に、新しくITの世界に足を踏み入れたエンジニアにとっては現代は最もアイデンティティ関連技術の難易度が高い時期であると言えます。なぜならば古くから使われてきたテクノロジーと、時代の変革にともなう新しいテクノロジーが目いっぱい混在しているからです。逆に言えば、パスワードによる認証方式をはじめとする長い歴史を持つ技術が、2020年を目前にしてやっと新しいテクノロジーによって置換、統合されつつある、この業界のエンジニアにとっては最もエキサイティングな時代であるとも言えるでしょう。1995年頃からアイデンティティ系のテクノロジーに携わってきた筆者にとっては、「やっと明かりが見えてきた」といった印象です。

　「認証」と「認可」にかかわるテクノロジーを総合して、IAM（Identity and Access Management）と呼びます。「Access」という言葉が含まれている通り、重要なのは「適切な人に適切な権限を与える」ことです。確実に本人を識別し認証が行えたとしても、Accessがおろそかになってしまっては安全性の担保どころではありません。玄関の扉を開けたら、家の中のすべての部屋や金庫に無条件にアクセスできてしまうようなものです。昨今話題になっている「ターゲットメール」による企業システムへの攻撃は、OSやプログラム自体が持つ潜在的な脆弱性に加え、アクセス制御が適切に行われていないことにより、その被害を爆発的に増大させます。ファイアウォール自体がいかに堅牢であっても、その内側がフリーアクセスでは意味がありません。あらゆるリソースへのアクセスを、アイデンティティを中心とした判定システムによって適切に制御する必要があります。

　Azure Active Directoryは、SaaS（Software as a Service）タイプの認証基盤であり、Identity as a Service（IDaaS）と呼ばれます。クラウド上に設置されていることから、あらゆる攻撃を想定しているため、ファイアウォールに守られたオンプレミスのActive Directoryとは異なる性質や機能、安全性基準を持ちます。そのことが、従来のドメインコントローラーの管理に長けたエンジニアに苦手意識を生んでしまう可能性があります。本書はそんなエンジニアのために書かれた書籍です。以下に章立てを示します。Active Directoryとの違いから丁寧に解説されているので、初心者の方や、少しだけAzure Active Directoryにふれたことがある方、そしてOffice 365を使用しているけれどもそのバックエンドの認証について詳しく知りたい方は是非第1章から目を通してください。

第1章　Azure Active Directoryの概要

第2章　Azure Active Directoryを使ってみよう！

第3章　カスタムドメイン、ユーザー、グループの管理

第4章　アプリケーションの管理

第5章　多要素認証（Azure Multi-Factor Authentication）

第6章　Azure Active Directoryの参加と同期

　従来のActive Directory管理者にとって、見慣れない要素が含まれていることがわかります。そう、第4章、第5章です。Active Directoryでは、アプリケーションへのアクセス制御はアプリケーション自身で行うことを要求していましたが、Azure Active Directoryでは認証基盤そのものがアクセス制御を行います。これはIDaaSの初心者にとっては新しい概念でしょう。そして、第5章で解説されている電話やインスタントメッセージを使用した多要素認証も、従来はなかなか実現が難しかった本人確認方法ですが、クラウドサービスには必須のテクノロジーです。

　システムへの攻撃は日々進化し激しくなりつつあります。「IAM」は、それに耐えるインフラを構成するための第一歩です。是非本書をIDaaSへの足掛かりとし、新世代の認証基盤への導入に取り組んでください。

Azure Active Directory 完全解説 監訳者

日本マイクロソフト株式会社

プリンシパル テクニカル エバンジェリスト

安納 順一

# はじめに

「ひと目でわかるシリーズ」は、"知りたい機能がすばやく探せるビジュアルリファレンス"というコンセプトのもとに、Azure Active Directoryの優れた機能を体系的にまとめあげ、設定および操作の方法をわかりやすく解説しました。

## 本書の表記

本書では、次のように表記しています。

- リボン、ウィンドウ、アイコン、メニュー、コマンド、ツールバー、ダイアログボックスの名称やボタン上の表示、各種ボックス内の選択項目の表示を、原則として[ ]で囲んで表記しています。
- 画面上の  、 、 、 のボタンは、すべて▲、▼と表記しています。
- 本書でのボタン名の表記は、画面上にボタン名が表示される場合はそのボタン名を、表示されない場合はポップアップヒントに表示される名前を使用しています。
- 手順説明の中で、「[○○] メニューの [××] をクリックする」とある場合は、[○○] をクリックしてコマンド一覧を表示し、[××] をクリックしてコマンドを実行します。
- 手順説明の中で、「[○○] タブの [△△] の [××] をクリックする」とある場合は、[○○] をクリックしてタブを表示し、[△△] グループの [××] をクリックしてコマンドを実行します。

## Webサイトによる情報提供

### 本書に掲載されているWebサイトについて

本書に掲載されているWebサイトに関する情報は、本書の編集時点で確認済みのものです。Webサイトは、内容やアドレスの変更が頻繁に行われるため、本書の発行後、内容の変更、追加、削除やアドレスの移動、閉鎖などが行われる場合があります。あらかじめご了承ください。

### 訂正情報の掲載について

本書の内容については細心の注意を払っておりますが、発行後に判明した訂正情報については日経BP社のWebサイトに掲載いたします。URLについては、本書巻末の奥付をご覧ください。

目次 **(5)**

はじめに (4)

## 第1章 Azure Active Directory の概要 1

**1** Azure Active Directory とは何か？ 2

    コラム **Azure AD Connect** ツールでディレクトリ統合環境を構成する 9

**2** Windows Server Active Directory と Azure Active Directory は完全に別のもの！ 10

    コラム **Azure** 仮想マシンで構成したドメインコントローラーは **Azure AD** ？ 15

    コラム **Azure AD** ドメインサービス（パブリックプレビュー） 16

**3** Azure Active Directory ディレクトリの管理ツール 17

**4** Azure Active Directory のエディション 23

**5** Azure Active Directory のサブスクリプション（ライセンス） 25

    コラム **Azure** のライセンスと **Azure AD** のライセンス 25

    コラム **Enterprise Mobility + Security**（**EMS**） 27

## 第2章 Azure Active Directory を使ってみよう! 31

**1** まずは、サインアップ！ 32

**2** サインアップに使用できるアカウント 33

**3** Azure Active Directory テナント（ディレクトリ）の作成 36

    コラム **Azure** の管理者と **Azure AD** の管理者 40

    コラム **Azure** の管理者 41

    コラム **Azure AD** の管理者 42

**4** Azure Active Directory ディレクトリの追加と削除 49

    コラム **Azure** サブスクリプションを **Office 365** ディレクトリに移す方法 53

    コラム 追加表示した **Azure AD** ディレクトリを、クラシックポータルから削除する方法 56

## 第3章 カスタムドメイン、ユーザー、グループの管理　57

**1** Azure Active Directoryのユーザーアカウント　58

**2** カスタムドメインの設定　61

コラム **Azure**の**DNS**ゾーン（パブリックプレビュー）　65

**3** ユーザーの追加　70

コラム ユーザーのサインインの確認　75

コラム 「既存の**Microsoft**アカウントを持つユーザー」の活用例　80

**4** ライセンスの割り当て　83

コラム グループによるライセンス管理　84

コラム **Office 365**管理センターからのライセンス割り当て　85

**5** ユーザーパスワードのリセット　86

コラム **Office 365**管理センターからのパスワードリセット　88

コラム パスワードのリセットを特定のユーザーに制限する方法　94

**6** グループの管理　95

コラム **Office 365**グループ（パブリックプレビュー）　98


## 第4章 アプリケーションの管理　105

**1** SaaSアプリケーションのアカウント管理、認証、認可　106

**2** アプリケーション統合で生産性を向上させよう！　108

コラム 組織が管理していない**SaaS**アプリケーションの検出　110

コラム パスワード**SSO**とフェデレーション**SSO**　115

**3** 構成例1：Facebookとの統合（パスワードSSO）　122

**4** 構成例2：Salesforceとの統合（Azure ADフェデレーションSSO）　126

コラム **Salesforce**の無料アカウントのサインアップと構成　126

コラム フェデレーション信頼の証明書の更新　142

**5** 統合したアプリケーションへのSSOアクセス（ユーザー操作）　144

目次 **(7)**

Ｃｺﾗﾑ **Access Panel Extension** アドオンをサポートしている **Web** ブラウザー　**147**

Ｃｺﾗﾑ **SaaS** アプリケーションの使用状況の監視とレポート　**148**

**6** アプリケーションの企業間連携（Azure AD B2B コラボレーション）　**150**

Ｃｺﾗﾑ **Azure AD B2C**（**Azure AD Business to Consumer**）　**161**

**7** Azure AD アプリケーションプロキシ経由のオンプレミスアプリケーションへのアクセス　**162**

---

## 第5章　多要素認証（Azure Multi-Factor Authentication）　171

**1** 多要素認証で認証を強化しよう！　**172**

Ｃｺﾗﾑ **Azure MFA** の単体ライセンス　**177**

**2** ユーザーに対する Azure MFA の構成　**178**

**3** アプリケーションに対する Azure MFA の構成　**185**

Ｃｺﾗﾑ **Azure AD** のアプリケーションプロキシ経由で公開される、社内ネットワークの **IIS** アプリケーションに対する、**Azure MFA** の有効化　**188**

Ｃｺﾗﾑ **Azure MFA** に登録したスマートフォンを家に忘れてしまったら？　**188**

---

## 第6章　Azure Active Directory の参加と同期　191

**1** Windows 10 の Azure Active Directory Join（参加）　**192**

Ｃｺﾗﾑ **Microsoft Passport**（**PIN** コードの認証、**Windows Hello** の生体認証）　**195**

Ｃｺﾗﾑ **PIN** コードの変更　**204**

Ｃｺﾗﾑ **Azure AD** ディレクトリに参加したデバイスを **Intune** から一元管理　**205**

**2** Windows Server Active Directory と Azure Active Directory の ディレクトリ同期とパスワード同期　**206**

Ｃｺﾗﾑ **UserPrincipalName** 属性の変更と代替 **ID** の構成　**212**

---

索引　**231**

# Azure Active Directoryの概要

# 第 1 章

1 Azure Active Directory とは何か？

2 Windows Server Active Directory と
Azure Active Directory は完全に別のもの！

3 Azure Active Directory の管理ツール

4 Azure Active Directory のエディション

5 Azure Active Directory のサブスクリプション（ライセンス）

本章では、Microsoft Azure Active Directory とは何か？ Azure Active Directoryを使用すると何ができるのか？ 組織のネットワーク（オンプレミス）に構成するActive Directoryドメインと何が異なるのかなど、Azure Active Directoryの概要を見ていきます。

また、Azure Active Directoryには3つのエディションがあります。それぞれのエディションの違いについて、Azure ADのライセンスについても見ていきます。

# 1 Azure Active Directoryとは何か？

## パブリッククラウド環境の認証基盤

　Microsoft Azure（以降、Azure）は、マイクロソフト社が提供する、IaaSとPaaSのパブリッククラウドサービスのプラットフォームです。Azureのサービスの1つに、Microsoft Azure Active Directory（以降、Azure AD）があります。Azure ADでは何ができるのでしょうか？これは、組織のネットワーク（オンプレミス）に構成するActive Directoryドメインと何が異なるのでしょうか？多くの方が抱くこの疑問に、本章でお答えしていきます。

　Azure ADは、パブリッククラウド環境のリソースに対する認証基盤です。Azure ADは、Microsoft Office 365、Microsoft Intune、Microsoft Dynamics CRM Online、Microsoft OneDriveなどのほか、Salesforce.comのCRMサービス、Dropboxのオンラインストレージサービス、Googleのグループウェア、Concurのインターネット経費精算サービス、ソーシャルネットワーキングサービス（SNS）のFacebookなど、世界中のさまざまなパブリッククラウド型SaaSアプリケーションのID管理/認証/認可を行える、マイクロソフトのパブリッククラウドサービスです。

　Azure ADに登録されているユーザーは、インターネットに接続できる環境であれば、どこからでもAzure ADにアクセスできます。

### どこからでもアクセスできるパブリッククラウドの認証サービス

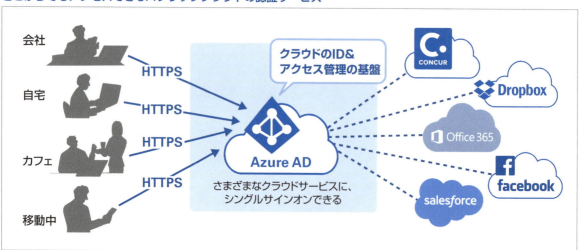

　Azure ADを使用するために、組織（企業や学校）のネットワークに専用のサーバーを展開する必要もなければ、ソフトウェアを購入してインストールする必要もありません。組織の管理者が、Azure、Office 365、Intuneなどのマイクロソフトのパブリッククラウドサービスにサインアップするだけで、インターネット（マイクロソフトのデータセンター）上に、Azure ADを使用できる環境（Azure ADテナント）が用意されます。Azure ADテナントとは、1つの会社が占有するオフィスビル（建物）のようなものです。Azure ADテナントにAzure ADディレクトリが作成されると、そのディレクトリにAzure ADのライセンスが関連付けられます。組織の管理者は、管理ポータルを使

用して、その組織がパブリッククラウド環境で使用する情報（ユーザー、グループ、アプリケーション、セキュリティに関連する情報など）を、Azure ADディレクトリに格納できます。

**サインアップで作成されたAzure ADディレクトリに組織の情報を格納**

組織のネットワーク（オンプレミス）に構成するWindows ServerのActive Directoryドメインサービス（AD DS）は、オンプレミスのリソースに対する認証基盤であり、Azure ADと使用目的が異なります。したがって、オンプレミスのドメイン環境とAzure ADは異なるものであり、置き換えはできません。この詳細は、本章の2節で解説します。

　Azure ADは、既定で、無償版のFreeエディションが構成されます。したがって、サインアップで作成された標準のAzure ADディレクトリにユーザーを登録しても、使用料は発生しません。ただし、Azure ADディレクトリの無償版には基本的な機能しか提供されていないので、企業ネットワークの厳しい要件を満たせるように、有償版も用意されています。

企業ネットワーク環境においては、有償版のPremiumエディションが推奨されています。Azure ADの無償版と有償版、Azure ADサブスクリプションの詳細は、本章の4節と5節で解説します。

## Office 365、Intune、Dynamics CRM Onlineの認証基盤

　もともとAzure ADは、Office 365、Intune、Dynamics CRM Onlineなどの、マイクロソフトのクラウド型SaaSアプリケーションのユーザー認証サービスとして存在していました。
　Office 365を契約すると、自動的にAzure ADの環境が用意され、Office 365の管理ポータルでユーザーを追加すると、その情報はAzure ADに登録され、ユーザーがOffice 365にアクセスすると、Azure ADで認証されます。つまり、Office 365を契約している組織は、知らぬうちにAzure ADを使っているということです。

## Office 365の認証サービスはAzure AD

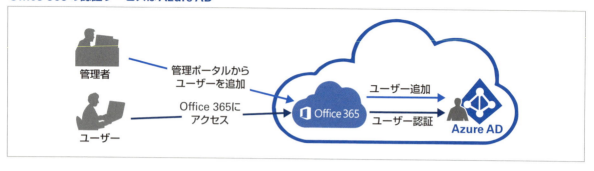

　この構成は、Office 365がリリースされた当初から現在まで変わっていません。ただし、Office 365がリリースされた当初、Office 365の認証サービスに対して、「Azure AD」という名前は付いていませんでした。2013年4月、この認証サービスが、Azureのパブリッククラウドサービスの1つとして、Azure ADという名前で正式にリリース（General Availability：GA）されて、さまざまな機能が追加され、使用範囲が格段に広がり、現在に至ります。つまり、Azure ADは、現在、Azureの1つのサービスです。

## Azure ADはAzureが提供する数多くのサービスの中の1つ

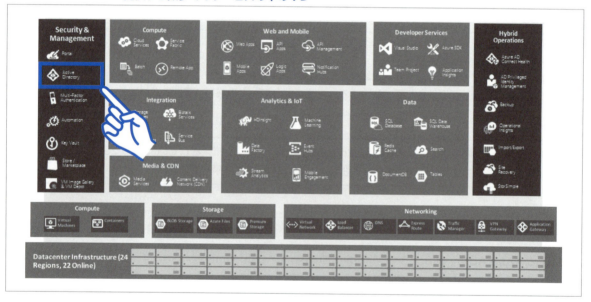

## 信頼性の高いディレクトリサービス

　SaaSアプリケーションの認証に使用するAzure ADに障害が起こったら大変です！ Azureのサービスとして提供されているAzure ADは、フェールオーバーが自動化されたマイクロソフトのデータセンターで実行されています。マイクロソフトのデータセンターは世界中に展開されており、現在、世界22拠点（リージョン）が一般公開され、さらに8拠点増える予定です（2016年7月時点）。
　Azure ADのディレクトリデータは、地理的に分散した2か所以上のデータセンターでレプリケートされています。したがって、万が一、どこかのデータセンターがダウンした場合でも、Azure ADに登録したアカウント情報が消滅

することはなく、ユーザー認証サービスが止まることもありません。Azure ADは、信頼性の高いディレクトリサービスなので、安心して使用できます。

> マイクロソフトのデータセンターの詳細は、次のサイトを参照してください。
>
> 「**Azure**のリージョン」
> https://azure.microsoft.com/ja-jp/regions/

> Azure Active DirectoryのSLA（サービスレベルアグリーメント）の詳細は、次のサイトを参照してください。
>
> 「**Azure Active Directory**の**SLA**」
> https://azure.microsoft.com/ja-jp/support/legal/sla/active-directory/v1_0/

## さまざまなパブリッククラウド型SaaSアプリケーションへのSSOアクセス

　現在のAzure ADは、マイクロソフトのプロダクトに限らず、Salesforce、Dropbox、Google、Concur、Facebookなど世界中のさまざまなベンダーの、2,600以上ものSaaSアプリケーションにシングルサインオン（SSO）アクセスできる、パブリッククラウドの認証サービスです。

**Azure ADとSaaSアプリケーションの統合**

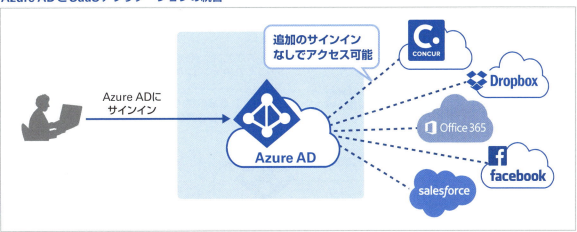

　最近、経費精算、情報共有、業務時間管理などの業務アプリケーションをパッケージで購入する代わりに、SaaSアプリケーションに切り替える組織も徐々に増えてきています。その際、SaaSアプリケーションごとにアカウントを管理していると、管理者は複数のアカウントを登録しなければならず、ユーザーは複数のアカウントを使い分けなくてはならないため、管理者にとってもユーザーにとっても負担が大きくなります。

## アプリケーションごとにアカウントを管理する場合

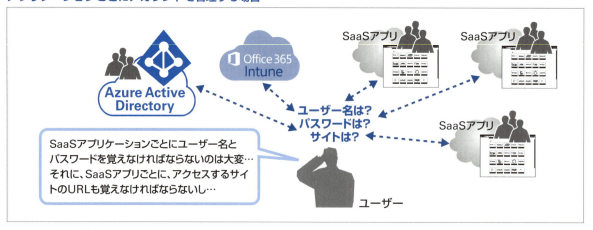

このような場合に、管理者がAzure ADにSaaSアプリケーションを登録し、SSOアクセスを構成しておくことができます。これを、アプリケーション統合と呼びます。

Azure ADに登録されたSaaSアプリケーションにユーザーがアクセスするには、"アクセスパネル"という専用ポータル（https://myapps.microsoft.com/）を使用します。アクセスパネルは、自分に許可されているSaaSアプリケーションがパネル表示されるユーザーポータルです。ユーザーがアクセスパネルに接続するとき、Azure ADへの認証（サインイン）が1回だけ求められます。後は、アクセスパネルに表示されるSaaSアプリケーションのパネルアイコンを1クリックするだけです。このとき、追加のサインインを求められることはありません。

## アクセスパネルへの1回の認証と1クリックでSaaSアプリケーションにSSO

たとえば、山田太郎さんは、Azure ADに登録されているyamada.taro@*xxx*.onmicrosoft.comというアカウントで、Office 365を使用しています。山田太郎さんが広報部門に配属され、Facebookによる広報活動も行うことになりました。Office 365とFacebookのアカウントは異なるので、それぞれサインインしなければなりません。しかし、Azure ADにOffice 365とFacebookが登録され、SSOアクセスが構成されていると、山田太郎さんはアクセスパネルに接続し、Azure ADに1回認証してもらい、表示されるパネルアイコンを1クリックするだけで、Office 365にもFacebookにもSSOでアクセスできます。

アプリケーション統合の詳細は、本書の「第4章 アプリケーションの管理」で解説します。

## 強力な認証も行える

　Office 365をはじめ、業務でSaaSアプリケーションを使用する機会が増えてきたことで、「従来から行っているユーザー名とパスワードによる認証だけでなく、もっと厳しく認証を行わせたい」というニーズが高まってきています。Azure ADには、単純な認証方法を複数組み合わせることで認証を強化する「多要素認証」（Multi-Factor Authentication：MFA）という機能が標準で用意されています。

　あるユーザーの多要素認証を有効化すると、1つ目の認証方法（要素）として、そのユーザー本人しか知らない「ユーザー名とパスワード」が求められ、2つ目の認証方法（要素）として、そのユーザー本人しか持っていないデバイス（スマートフォンやワンタイムパスワードデバイスなど）を使用する情報が求められます。それら2つの認証が成功することで、ユーザーがSaaSアプリケーションにアクセスできるようになります。

#### 2つの認証方法（要素）を組み合わせて認証を強化

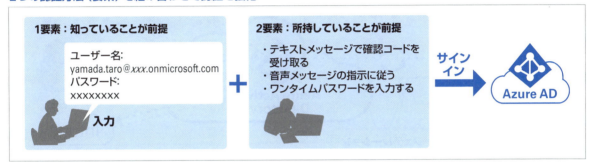

　多要素認証の詳細は、本書の「第5章　多要素認証」で解説します。

## 不正な認証を確認できる

　Azure ADにはレポート機能も用意されているので、組織の管理者は、Azure ADへのアクセス状況を確認できます。たとえば、あるアカウントが、東京からサインインした15分後に、東南アジアからサインインしてきたとします。これは、どんな高速な飛行機に乗ったとしても現実的にあり得ない状況なので、アカウントが乗っ取られて不正使用されたと考えられます。Azure ADのレポート機能を使用すると、このような怪しいイベントが発生していないかどうかを、管理者が確認できます。

#### Azure ADのレポート機能でAzure ADへのアクセス状況を確認

## 社内アカウントと統合できる（ディレクトリ統合）

　社内ネットワーク（オンプレミス）にWindows Serverを展開し、Active Directoryドメインサービス（AD DS）でドメイン環境を構成している組織は、ドメインコントローラーと呼ばれるWindows Serverに、社内のユーザーアカウントを登録しています。このドメインサービスのことを、"Windows Server Active Directory（以降、Windows Server AD）"と呼びます。Azure ADはパブリッククラウド環境のリソースに対する認証サービスなので、Windows Server ADとAzure ADは完全に異なるサービスですが、Windows Server ADとAzure AD間でディレクトリを統合することができます。

### Windows Server ADとAzure ADのディレクトリ統合

　Windows Server ADとAzure AD間でディレクトリを統合することにより、社内のドメインコントローラーに登録されているユーザーアカウントとパスワードがAzure ADディレクトリに同期され、フェデレーションという信頼関係が構成され、ユーザーは、Azure ADを使用するSaaSアプリケーションにSSOアクセスできるようになります。このとき、ユーザー認証は、社内ネットワークのドメインコントローラーで1回行われるだけです。Azure ADは、このユーザーにSaaSアプリケーションのサービスを提供して良いかどうかの判断（認可）だけ行います。

### 社内のアカウントでOffice 365にSSOアクセス

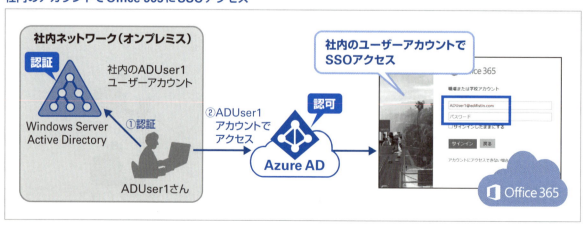

　ディレクトリ同期の詳細は、「第6章　Azure Active Directoryの参加と同期」の2節で解説します。

## コラム　Azure AD Connectツールでディレクトリ統合環境を構成する

　Windows Server ADとAzure ADを統合するには、オンプレミス側に「ディレクトリ同期」ツールを実行するサーバーと「フェデレーション」サービスを実行するサーバーを構成し、Azure ADとの間にフェデレーション信頼を構成する必要があります。

　このとき、マイクロソフトサイトから無料でダウンロードできる"Azure AD Connect"というツールを使用します。オンプレミスのWindows Serverに"Azure AD Connect"をインストールすると、ウィザードが起動します。そのウィザードに従って必要な情報を入力すると、ディレクトリ統合に必要なディレクトリ同期サーバーとフェデレーションサーバーの環境を、オンプレミス側にまとめて構成し、Azure ADとの間にフェデレーション信頼を作成してくれます。

### Azure AD Connectツールでディレクトリ統合環境を構成する

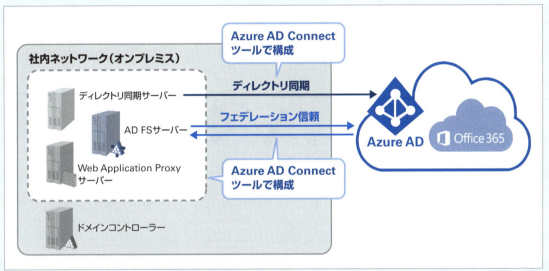

　"Azure AD Connect"の詳細は、次のサイトを参照してください。

**「オンプレミスID と Azure Active Directory の統合」**
https://azure.microsoft.com/ja-jp/documentation/articles/active-directory-aadconnect/

　本書では、「フェデレーション」サービスの構成は取り上げていません。フェデレーションサービスの概念、基本用語、AD FSサーバーの構成については、本書と同シリーズの書籍「ひと目でわかるAD FS 2.0&Office 365連携」を参照してください。

http://ec.nikkeibp.co.jp/item/books/P94720.html

# 2 Windows Server Active DirectoryとAzure Active Directoryは完全に別のもの!

　Windows Serve ADもAzure ADも、「組織で使用するアカウントを管理/認証するディレクトリサービスである」という点においては共通です。しかし、Windows Serve ADとAzure ADは使用目的が異なるため、仕様においても、使い方においても、提供されている機能においても、構成方法においても、完全に異なります。ここでは、Windows Server ADとAzure ADの共通点と相違点について、見ていきましょう。

### Windows Server ADとAzure ADは完全に別のもの

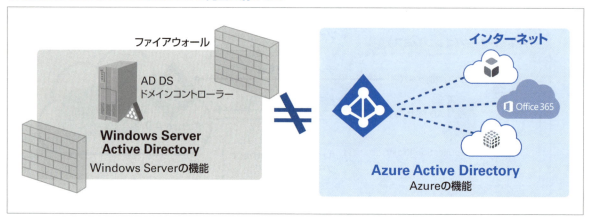

## Windows Server ADとAzure ADの共通点

　Windows Server ADとAzure ADの1つ目の共通点は、「組織レベルのアカウント」を管理する点です。「組織レベルのアカウント」とは、ユーザーが自由に作成できるアカウントではなく、その組織（企業や学校）の管理者が作成するアカウントのことです。Windows Serverのドメイン環境に登録するアカウントは、管理者が作成する組織レベルのアカウントです。そして、Azure ADに登録するアカウントも、管理者が作成する組織レベルのアカウントです。組織レベルのアカウントを管理することは、Windows Server ADとAzure ADの共通点です。

> マイクロソフトのパブリッククラウドサービスで認証されるアカウントには、ユーザーが個人で作成できる"Microsoftアカウント"もありますが、これは組織レベルのアカウントではありません。"Microsoftアカウント"は、Azure ADとは別のディレクトリに登録される、個人用のアカウントです。

　また、どちらのディレクトリサービスもWindows PowerShellでリモート管理できます。これも、Windows Server ADとAzure ADの共通点です。
　しかし、Windows Server ADとAzure ADには、共通点より相違点の方が多いのです。

**Windows Server ADとAzure ADの共通点と相違点**

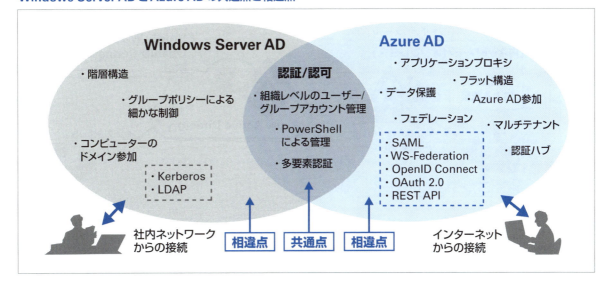

## 使用目的の違い

　Windows Server ADはオンプレミスのリソースに対する認証基盤で、Azure ADはクラウドのリソースに対する認証基盤です。したがって、Windows Serve ADとAzure ADは、使用目的が異なります。

**Windows Server ADとAzure ADの使用目的の違い**

## プロトコルの違い

　Windows Server ADは、ファイアウォールで守られている社内ネットワークで使用され、Kerberosというプロトコルで認証を行います。Azure ADは、インターネットからアクセスされる環境であり、SAML、WS-Federation、OpenID Connectなどの、HTTP/HTTPSプロトコルを使用して認証を行います（認可にOAuth 2.0を使用します）。そして、Windows Server ADは、LDAPというプロトコルを使用してクエリおよび管理を行いますが、Azure ADは、REST API over HTTPおよびREST API over HTTPSを使用します。
　Windows Server ADとAzure ADは環境が異なるため、使用するプロトコルが異なります。

#### Windows Server ADとAzure ADの認証プロトコルの違い

## 構成方法の違い

　Windows Server ADはドメインコントローラーというサーバーを展開し、通常、1つの組織に1つのフォレストを構成します。フォレストの環境は、その組織内だけで使用されます。
　フォレストが構成されると、既定のドメインが1つ作成されます。フォレストの管理者は、必要に応じて複数のドメインを自由な名前で作成できます。1つのフォレストに複数のドメインを作成すると、それらのドメインは自動的に信頼関係で結ばれ、一部の情報はフォレスト内で共通に持たされます。

#### Windows Server ADフォレストとドメインの構成

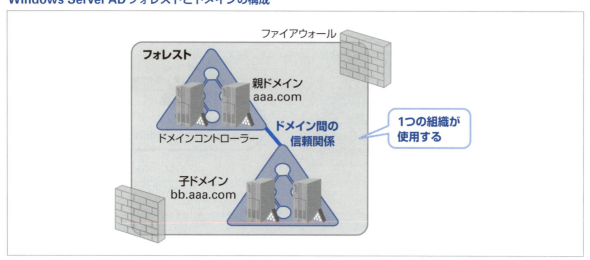

　それに対して、Azure ADはパブリッククラウドサービスなので、ドメインコントローラーのようなサーバーを展開する必要はありません。Azure ADを使用するには、必要に応じてライセンスを購入して、サインアップすれば（契約すれば）、いつでも、どこからでも使用できます。
　Azure ADは、マルチテナントで構成されます。1つの組織がAzureやOffice 365などにサインアップすると、その組織のためのAzure ADテナントが用意され、その中にAzure ADディレクトリが既定で1つ作成されます。

## Azure ADのテナントとディレクトリ

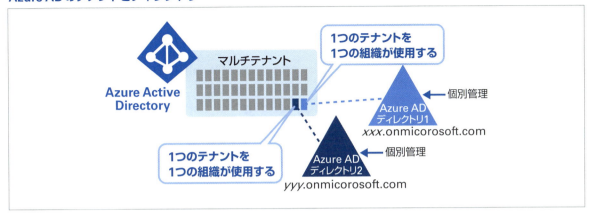

　それぞれのAzure ADテナントは、他のAzure ADテナントと区別され、分離され、独立した管理になります。オンプレミスのドメイン環境のような信頼関係を、Azure ADディレクトリ間で構成することはできません。

　Azure ADディレクトリ内のデータが他の組織と混交されることはないので、ユーザーおよび管理者が別のAzure ADディレクトリのデータに、誤ってまたは故意にアクセスできないようになっています。

> 組織の管理者は、テスト環境と本番環境のように、必要に応じて複数のAzure ADディレクトリ（テナント）を作成できます。しかし、それらは独立した管理となり、Azure ADディレクトリ間でデータを共有するようなことはできません。

　また、Azure ADディレクトリの既定のドメイン名は*xxx*.onmicrosoft.comです。*xxx*は、世界で重複しないユニークな文字列になります。

> **参照**
> Azure ADディレクトリにカスタムドメイン名を構成することもできます。詳細は、「第3章　カスタムドメイン、ユーザー、グループの管理」で解説します。

## 機能の違い

　Windows Server ADとAzure ADは、機能の点でも多くの違いがあります。代表的な機能の違いとして、グループポリシーがあります。グループポリシーは、会社のセキュリティ方針に合わせて、ユーザー環境やデスクトップ環境を一括制御するしくみです。グループポリシーはWindows Server ADの機能であり、Azure ADにはありません。

## グループポリシーはWindows Server ADの機能

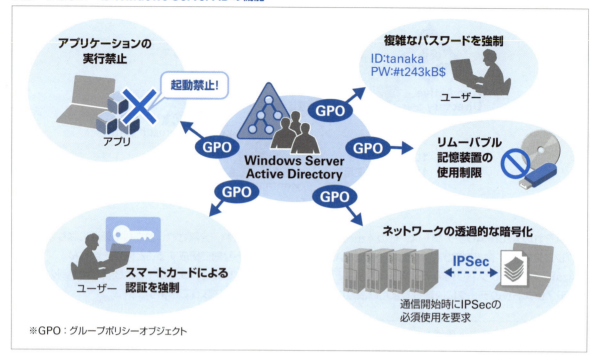

　一方、Azure ADには、パブリッククラウド環境に必要な機能が標準で多数用意されています。そして、オンプレミスで複数サーバーの展開を要していた環境を、Azure ADではサーバーを展開せずに構成できます。
　たとえば、システム構成で次の要件があるとします。

・ユーザー認証を強化するために、多要素認証を導入したい
・さまざまなSaaSアプリケーションへのSSOアクセスを構成したい
・社外のユーザーとも安全に情報共有できるように、Rights Management Services（RMS）でデータを保護したい
・社内のWebアプリケーションに社外から安全にアクセスできるように、リバースプロキシを構成したい

　オンプレミス環境でこれらの要件を満たすには、AD FSサーバー、AD RMSサーバー、Webアプリケーションプロキシサーバーといった、それぞれの用途のサーバーを展開する必要があります。しかし、Azure ADは、これらの機能を標準で持っており、新たにサーバーを展開する必要はなく、管理ポータルからこれらの機能を有効化することで、要件を満たす環境を容易に構成できます。

**Azure AD ではサーバー展開が不要**

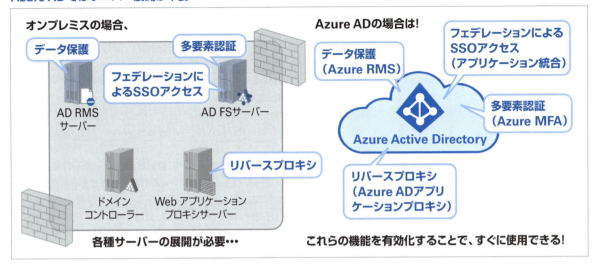

このように、Windows Serve AD と Azure AD は、使用目的が異なることにより、仕様の面でも、構成の面でも、機能の面でも、完全に異なります。

しかし、前述したとおり、オンプレミスの Windows Server AD と Azure AD はディレクトリを統合できます。さらに、オンプレミスのローカルネットワークと Azure のネットワークを、VPN や専用線で接続することもできます。そうすることで、それぞれの良い点を組み合わせた、ハイブリッド構成なシステムを構成できます！

### コラム　Azure 仮想マシンで構成したドメインコントローラーは Azure AD？

組織で Azure を契約し、マイクロソフトのデータセンターに Azure 仮想マシンを作成し、これをドメインコントローラーとして構成することができます。これは、Azure AD でしょうか？

いいえ、違います！

ドメインコントローラーを動作させている環境がオンプレミスであろうと、パブリッククラウド（マイクロソフトのデータセンター）であろうと、Windows Server 仮想マシンに Active Directory ドメインサービス（AD DS）をインストールして、ドメインコントローラーとして構成したものは、Windows Server AD です。お間違えないように！

**Azure 仮想マシンのドメインコントローラーは Windows Server AD**

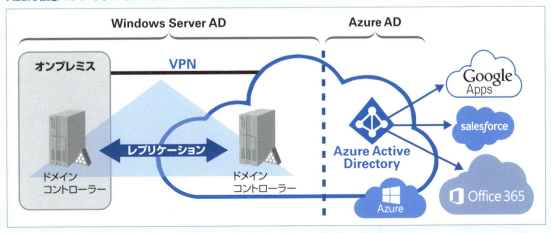

## コ ラ ム　Azure ADドメインサービス（パブリックプレビュー）

　Azure ADは、どんどん進化しています。現在、"Azure ADドメインサービス"という機能がパブリックプレビューで公開されています（2016年7月時点）。これは、オンプレミスのWindows Server AD機能のパブリッククラウド版であり、パブリッククラウドサービスとしてのドメインコントローラーです。

　これまで、Azure上にWindows Server ADのドメイン環境を構成したい場合、前述のコラム「Azure仮想マシンで構成したドメインコントローラーはAzure AD？」で解説したように、Azure上に仮想マシンを作成し、そのAzure仮想マシンをドメインコントローラーとして構成してきました。しかし、"Azure ADドメインサービス"が正式リリース（GA）されると、Active Directoryドメイン参加、NTLM、Kerberos認証などの、Windows Server ADの機能をパブリッククラウド上でサービスとして構成できるようになります。

　その結果、ドメインコントローラーを展開せずに、Azure仮想マシンをドメインに参加させ、ユーザーは会社のActive Directory資格情報を使用し、これらの仮想マシンにサインインして、各種リソースにアクセスできるようになります。さらに、ドメインに参加した仮想マシンをよりセキュアに管理したい場合は、グループポリシーを使用できます。この結果、カスタムの基幹業務アプリケーションやSQL Serverなどを使用するディレクトリ認識型アプリケーションを、Azureに移行しやすくなるでしょう。

　今後も、Azure ADから目が離せませんね！

**Azure AD ドメインサービスがパブリックプレビューされている**

# 3 Azure Active Directory ディレクトリの管理ツール

　Azure ADディレクトリは、Azureの管理ポータル、Office 365管理センター、Intuneのアカウントポータル、および、Windows PowerShell用Azure Active Directoryモジュール（以降、Azure AD PowerShellモジュール）で管理できます。

・Azureポータル（https://portal.azure.com/）
・Office 365管理センター（https://portal.office.com/）
・Intuneアカウントポータル（https://account.manage.microsoft.com/）
・Azure AD PowerShellモジュール（マイクロソフトサイトからダウンロード）

**Azure ADディレクトリを管理できる4つのツール**

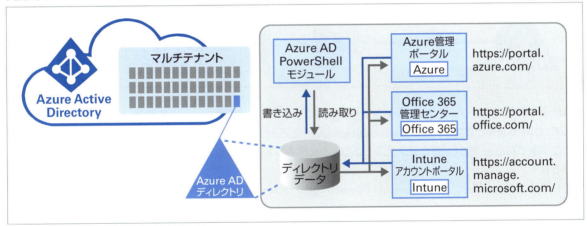

　Dynamics CRM Onlineのユーザーアカウント管理は、Office 365管理センターを使用します。また、現在、IntuneのアカウントポータルもOffice 365管理センターと統合されています。

　次の図は、Azure ADディレクトリに追加したユーザーアカウント情報を、Azure、Office 365、Intuneそれぞれの管理ポータルと、Azure AD PowerShellモジュールで表示している画面です。複数のパブリッククラウドサービスで単一のAzure ADディレクトリを共有している場合、一覧されるユーザー情報は同じです。

単一のAzure ADディレクトリの情報を4つのツールで表示

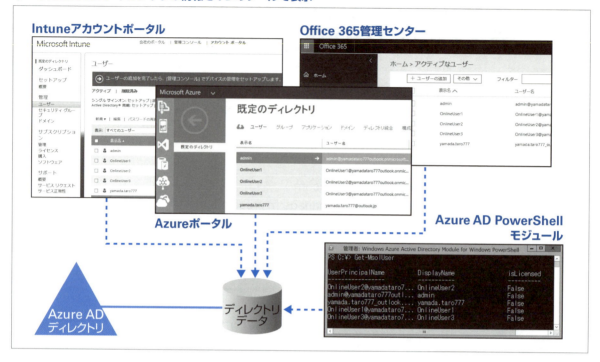

　Office 365管理センターでユーザー属性を変更すれば、その変更情報はAzureの管理ポータルにも表示されます。そして、Office 365とオンプレミスActive Directory間でディレクトリ統合を構成し、社内ドメイン環境のユーザーアカウントでOffice 365にSSOアクセスできるように構成している場合、その構成はIntuneにアクセスする際も使用できます。
　それでは、AzureポータルとAzure AD PowerShellモジュールについて、もう少し見ていきましょう。

## Azureポータル

　Azureポータルは、Azureが提供しているさまざまなサービスを管理するためのツールです。Azure ADもAzureのサービスなので、Azureポータルで管理できます。
Azureポータルを起動するには、Webブラウザーからhttps://portal.azure.com/にアクセスします。
　Azureポータルは、次のブラウザーの最新バージョンでサポートされています。

・Edge（最新バージョン）
・Internet Explorer 11
・Safari（最新バージョン、Macのみ）
・Chrome（最新バージョン）
・Firefox（最新バージョン）

　AzureポータルからAzure ADディレクトリを管理するには、左側の［参照］の［Active Directory］をクリックします。

## AzureポータルからAzure ADディレクトリを参照

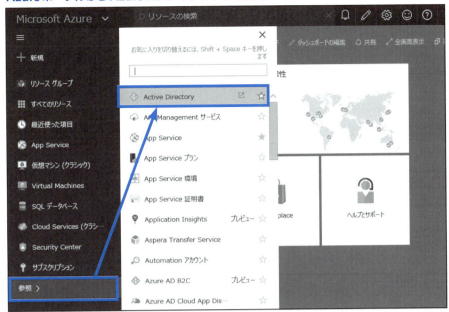

　現時点では、Azureのクラシックポータル（https://manage.windowsazure.com/）が開かれ、Azure ADディレクトリの情報が表示されます。

## 現時点では、AzureクラシックポータルでAzure ADディレクトリを管理

> まだ、Azure ADディレクトリの管理機能が新しいAzureポータルに実装されていないので、左側の［参照］の［Active Directory］をクリックすると、Azureの従来の管理ツールであるクラシックポータルが開かれます。新しいAzureポータルにAzure ADディレクトリの管理機能が実装されるまでは、Azureのクラシックポータルを使用してください（2016年7月時点）。

Azureのクラシックポータルを開き、左側の［ACTIVE DIRECTORY］をクリックし、管理対象となるAzure ADディレクトリをクリックすると、ダッシュボードアイコンのほか、8つのタブが表示されます。組織の管理者は、それぞれのタブをクリックし、ユーザーの追加、グループの追加、アプリケーションの登録、カスタムドメイン名の設定、オンプレミスのドメイン環境とのディレクトリ統合、Azure ADディレクトリの構成変更、Azure ADディレクトリの使用状況のレポート確認、Azure ADディレクトリのライセンス割り当てなどの管理作業を行います。

**Azure ADディレクトリのダッシュボードアイコンと8つのタブ**

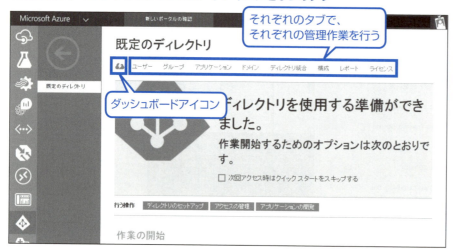

> **参照**
> ユーザーの追加、グループの追加、カスタムドメイン名の設定、ディレクトリ同期、Azure ADディレクトリの構成変更、ライセンスの割り当てなど、具体的な管理操作は、本書の第3章以降で解説します。

## Azure Active Directory Module for Windows PowerShell

　Azure ADをPowerShellコマンドレットでリモート管理するには、64ビット版のAzure AD PowerShellモジュールを使用します。
　これは、マイクロソフトサイトから無償でダウンロードし、インストールできるモジュールです。Azure ADディレクトリの管理に使用する端末に、インストールしてください。Azure AD PowerShellモジュールは、Windows 8.1、Windows 8、Windows 7、Windows Server 2012 R2、Windows Server 2012、およびWindows Server 2008 R2にインストールできます。

> Azure AD PowerShellモジュールをダウンロードする際、ぜひ次のサイトにアクセスしてみてください。
>
> **「AzureADHelp」**
> https://msdn.microsoft.com/ja-jp/library/jj151815.aspx
>
> このドキュメントの「Azure ADモジュールのインストール」リンクをクリックすると、ダウンロードの手順とリンクが紹介されています。Azure AD PowerShellモジュールをインストールする前に、「Microsoft Online Services Sign-In Assistant」をダウンロードし、インストールしておく必要あります。上記のドキュメントには、このダウンロードリンクも紹介されています。
> 既にAzure AD PowerShellモジュールの古いバージョンがインストールされている場合は、コントロールパネルから古いAzure AD PowerShellモジュールを削除してから、インストールしてください。

管理端末にAzure AD PowerShellモジュールをインストールしたら、Windowsのスタート画面から「Windows PowerShell用Windows Azure Active Directoryモジュール」を検索して、起動します。

### Azure AD PowerShellモジュールを起動

Azure ADディレクトリを管理するには、最初に、対象となるAzure ADディレクトリへの接続が必要です。Azure AD PowerShellモジュールからAzure ADディレクトリに接続するには、次の手順でコマンドレットを実行します。ここでは、*$cred*という変数を使用して、Azure AD管理者アカウントの資格情報を格納しています。

① 「$cred = Get-Credential」と入力する。
② Azure AD管理者アカウントの資格情報を入力する画面が表示されるので、Azure AD管理者のメールアドレスとパスワードを入力する(その情報が、*$cred*変数に格納される)。
③ 「Connect-MsolService -Credential $cred」と入力する。

## Azure AD PowerShellモジュールからAzure ADに接続

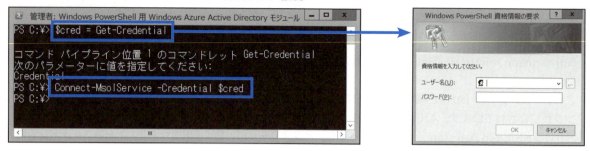

プロンプトが表示されたら、Azure ADへの接続が成功です。

　Azure ADへの接続が成功したら、*xxx*-Msol*xxx*という形式のAzure ADのコマンドレットを実行して、Azure ADディレクトリへのユーザーの追加、カスタムドメイン名の設定など、Azure ADディレクトリを管理できます（Msolは、Microsoftオンラインサービスのことです）。

### 代表的なコマンドレット

| コマンドレット | 説明 |
| --- | --- |
| New-MsolUser | Azure ADディレクトリへのユーザーの追加 |
| Get-MsolUser | Azure ADディレクトリのユーザーの一覧 |
| New-MsolGroup | Azure ADディレクトリへのグループの追加 |
| Get-MsolGroup | Azure ADディレクトリのグループの一覧 |
| Get-MsolRole | 管理者ロールの一覧 |
| Get-MsolDomain | Azure ADディレクトリのドメイン名の一覧 |
| Get-MsolSubscription | 組織が購入しているサブスクリプションの一覧 |

Azure AD PowerShellモジュールの以前のバージョンが必要な場合は、次のリリース履歴のサイトからダウンロードできます。

「Microsoft Azure Active Directory PowerShell Module Version Release History」
http://social.technet.microsoft.com/wiki/contents/articles/28552.microsoft-azure-active-directory-powershell-module-version-release-history.aspx

# 4 Azure Active Directoryのエディション

Azure ADには、1つの無償版（Free）と2つの有償版（Basic、Premium）があります。

既定のAzure ADディレクトリは、無償版のFreeエディションで作成されるので、Azure ADに登録される管理者もユーザーも、Azure ADの機能を無料で使用できます。ただし、Freeエディションでは、Azure ADの基本的な機能しか提供されていません。

BasicおよびPremiumエディションを使用することで、Azure ADディレクトリ環境のSLA（サービスレベルアグリーメント）が99.9％となり、追加の機能も提供され、Azure AD環境や認証を強化できます。特に、企業ネットワークにおいては、エンタープライズクラスの機能が揃っているPremiumエディションの使用が推奨されています。

> **参照**
> それぞれのエディションが持っている機能については、第3章以降の章で解説します。

### Azure Active Directory Free

Azure AD Freeエディションでは、パブリッククラウド環境のユーザーとグループの管理、オンプレミスとのディレクトリ統合、AzureやOffice 365、およびSalesforce、Workday、Concur、DocuSign、Google Apps、DropboxなどのSaaSアプリケーションとのSSOアクセスなど、基本的な機能を使用できます。

### Azure Active Directory Basic

Azure AD Basicエディションでは、Freeエディションの機能に加えて、グループベースのアクセス管理、クラウドアプリケーション向けのセルフサービスパスワードリセット、Azure ADを使用してオンプレミスWebアプリケーションを発行するアプリケーションプロキシ（リバースプロキシ）などの機能が提供され、99.9％のエンタープライズレベルのSLAが保証されます。

### Azure Active Directory Premium

Azure AD Premiumエディションは、より厳しいアカウントおよびアクセス管理の要求に対応できるように、Basicエディションの機能に加えて、エンタープライズクラスの管理機能が追加されています。そして、オンプレミスとパブリッククラウドを統合するハイブリッド環境においても、ユーザーがオンプレミスとパブリッククラウドにシームレスにアクセスできる機能が提供されています。さらに、Microsoft Identity Manager（MIM：オンプレミスのIDおよびアクセス管理製群）のライセンスも含まれています。

次の表は、3つのエディションと、Office 365などのオンラインサービスのみ契約している場合のAzure ADの機能比較です。Office 365やIntuneだけ契約していて、Azureの契約をしていない場合、基本的にはFreeエディションと同じ機能を使用できますが、多少の違いがあるので分けて記載しています。

## エディション別機能比較表

| | Free | Basic | Premium | Office 365などの<br>オンラインサービスのみ |
|---|---|---|---|---|
| ディレクトリオブジェクト | 最大500,000 | 制限なし | 制限なし | 制限なし |
| ユーザー/グループの管理、ユーザーベースのプロビジョニング、デバイス登録 | ○ | ○ | ○ | ○ |
| SSO | ユーザーあたり10個のアプリ（事前統合済みのSaaSアプリおよび開発者が統合したアプリ） | ユーザーあたり10個のアプリ（Freeレベル＋アプリケーションプロキシアプリ） | 制限なし（Free、Basicレベル＋セルフサービスのアプリ統合テンプレート） | ユーザーあたり10個のアプリ（事前統合済みのSaaSアプリおよび開発者が統合したアプリ） |
| クラウドユーザーに対するセルフサービスのパスワード変更 | ○ | ○ | ○ | ○ |
| ディレクトリ同期 | ○ | ○ | ○ | ○ |
| セキュリティ/使用量レポート | 3個の基本レポート | 3個の基本レポート | 詳細レポート | 3個の基本レポート |
| グループベースのアクセス管理/プロビジョニング | | ○ | ○ | |
| クラウドユーザーに対するセルフサービスのパスワードリセット | | ○ | ○ | ○ |
| 企業ブランド（ログオンページ/アクセスパネルのカスタマイズ） | | ○ | ○ | ○ |
| アプリケーションプロキシ | | ○ | ○ | |
| SLA 99.9% | | ○ | ○ | ○ |
| セルフサービスによるグループとアプリの管理/セルフサービスによるアプリケーションの追加/動的なグループ | | | ○ | |
| セルフサービスによるパスワードのリセット、変更、ロック解除（オンプレミスの書き戻しが可能） | | | ○ | |
| Multi-Factor Authentication（クラウドおよびオンプレミス（MFAサーバー）） | | | ○ | Office 365アプリへのアクセスに限定 |
| MIM CAL＋MIMサーバー | | | ○ | |
| Cloud App Discovery | | | ○ | |
| Connect Health | | | ○ | |
| 自動パスワードロールオーバー | | | ○ | |

次の表は、Windows 10に関連するAzure ADの機能比較です。

## Windows 10に関連するエディション別機能比較表

| | Free | Basic | Premium | Office 365などの<br>オンラインサービスのみ |
|---|---|---|---|---|
| Azure ADへのデバイスの参加、デスクトップSSO、Azure AD用のMicrosoft Passport、管理者によるBitlocker回復 | ○ | ○ | ○ | ○ |
| MDMの自動登録、セルフサービスによるBitlocker回復、Azure AD JoinによるWindows 10デバイスへのローカル管理者の追加 | | | ○ | |

# 5 Azure Active Directoryの
サブスクリプション（ライセンス）

## サブスクリプションの購入とライセンスの割り当て

　Azure ADのFreeエディションは、AzureやOffice 365のサブスクリプションに付属しています。組織の管理者がAzureやOffice 365をサインアップして自動的に作成されたAzure ADディレクトリは、Azure ADのFreeエディションです。したがって、別途ライセンスを購入することも特別な操作も必要なく、ユーザーの追加やSaaSアプリケーションの登録を行えます。ただし、前述の機能比較表のとおり、使用できる機能は限定されます。

**Azure AD Freeエディション**

### コラム　AzureのライセンスとAzure ADのライセンス

　Azure ADはAzureのサービスの1つであり、Azure自体は有償のサービスですが、Azureの管理ポータルでAzure ADのFreeエディションしか使用しない場合、その使用料は発生しません。
　また、Azure ADディレクトリはAzureの子リソースではないので、Azureのライセンスの期限が切れたとしても、Azure ADディレクトリを他のライセンスと関連付けたり、Azure AD PowerShellモジュールやOffice 365管理センターなどの他のインターフェイスを使用したりすることで、Azure ADディレクトリのデータにアクセスすることができます。

　しかし、多くの企業においては、Azure ADによる認証をより強力にしたり、アクセス制御をグループ単位でシンプルに行ったり、より詳細なレポートでアカウントの不正使用を確認したり、パスワードを含めるアカウント管理をより柔軟にしたり、そして何よりSLAを99.9%にしたい、などのさまざまな要件があると思います。これらの要件に対応できるのが、Azure ADのBasicおよびPremiumエディションです。
　Azure ADの有償版は、Office 365やIntuneなどのオンラインサービスと同様、ユーザー単位のライセンスです。したがって、Azure ADディレクトリのBasicおよびPremiumエディションを使用するには、Azure ADの有償機能を使用するユーザー分のライセンスを購入し、対象となるユーザーにライセンスを割り当てる必要があります。そうすることで、ユーザーとAzure ADの有償サービスがマッピングされ、そのユーザーに対して、有償機能を使用できるようになります。

## 有償エディションのサブスクリプション購入と、ユーザーへのライセンス割り当て

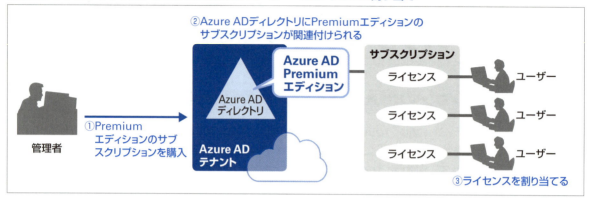

> 1つ以上のパブリッククラウドサービスのライセンスを必要なユーザー数分購入する単位を「サブスクリプション」と呼び、サブスクリプションが課金の支払い単位となります。

## サブスクリプション（ライセンス）の購入

　PremiumエディションとBasicエディションは、Microsoftエンタープライズ契約（EA/VL）、Open Volume Licenseプログラム、Cloud Solution Providersプログラムを通して契約できます。また、Premiumエディションにおいては、無料試用版のAzureで評価することも、それぞれの管理ポータルからオンラインで直接購入することもできます。

　次の図は、Office 365管理センターの［課金情報］の［サービスを購入する］をクリックして、Azure AD Premiumライセンスを購入するときの画面です。［今すぐ購入］をクリックし、購入するライセンスの数を入力します。

### Azure AD Premiumライセンスのオンライン購入

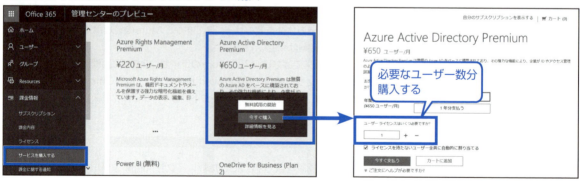

　次の表は、Azure AD Premiumエディション、Azure AD Basicエディション、Enterprise Mobility + Security（EMS）サブスクリプションの購入方法のまとめです。EMSについては、後述のコラムを参照してください。

### サービスの購入方法

| サービス | EA/VL | Open/VL | CSP | MPN使用権 | オンライン購入 | 無償試用版 |
|---|---|---|---|---|---|---|
| Azure AD Premium | ○ | ○ | ○ | | ○ | ○ |
| Azure AD Basic | ○ | ○ | ○ | ○ | ○ | |
| Enterprise Mobility + Security（EMS） | ○ | ○ | ○ | ○ | | ○ |

※ MPN = Microsoft Partner Networkプログラム

## コラム Enterprise Mobility + Security (EMS)

　Azure AD Premiumエディションを使用したい場合、Enterprise Mobility + Security (EMS) というライセンスパッケージを購入する方法もあります。EMSには、現在のクラウド/モバイル時代に必要とされる、さまざまなパブリッククラウドサービスのライセンスが含まれています。その中に、Azure AD Premiumライセンスも含まれています。

**Enterprise Mobility + Security (EMS)**

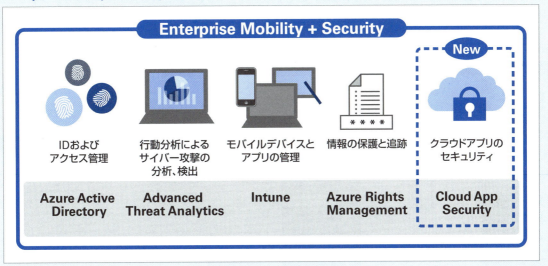

　EMSは、ボリュームライセンスプログラムを介して入手できます。
　EMSの詳細は、次のサイトを参照してください。

**「Enterprise Mobility Suite」**
https://www.microsoft.com/ja-jp/server-cloud/products-Enterprise-Mobility-Suite.aspx

　EMSを購入すると、Premiumエディションと同様、Azure ADディレクトリにEMSサブスクリプションが関連付けられます。そのEMSライセンスを、Azure ADに登録したユーザーに割り当てます。

**Azure ADディレクトリでEMSを使用する**

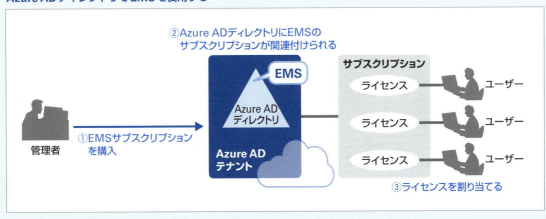

それでは、無料試用版Azureの既定のAzure ADディレクトリに、試用版のサブスクリプションを関連付けましょう。

## Azure ADディレクトリへのサブスクリプションの関連付け

　Azure ADディレクトリのライセンス管理には、Azureのクラシックポータルを使用します。次の図は、Azureのクラシックポータルで、左側の［ACTIVE DIRECTORY］をクリックし、対象となるAzure ADディレクトリを選択し、［ライセンス］タブをクリックした画面です。

### Azure ADディレクトリの［ライセンス］タブ

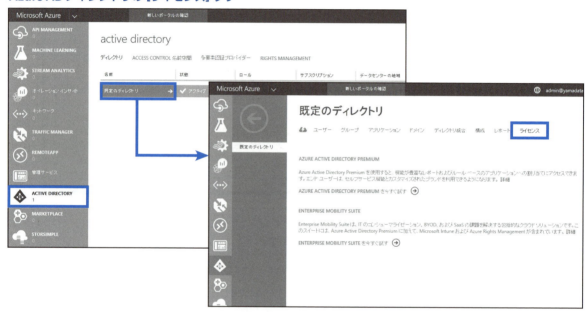

　Azure ADディレクトリに関連付けできるサブスクリプションの種類が表示されます。ここでは、Azure AD Premiumの試用版か、Enterprise Mobility + Security（EMS）の試用版のいずれかのサブスクリプションを選択できます。

今後、より多くのオンラインサービスを検証できるように、ここでは、[ENTERPRIZE MOBILITY SUITEを今すぐ試す]をクリックし、EMS試用版のサブスクリプションを選択します。評価版の注意事項を確認し、[✔]をクリックします。

### サブスクリプションの選択

その結果、Azure ADディレクトリに、EMS試用版のサブスクリプションが関連付けられました。

### EMS試用版サブスクリプションを関連付けたAzure ADディレクトリ

Azure ADディレクトリにサブスクリプションを関連付けたら、その機能を使用するユーザーに、そのライセンスを割り当てます。

> ユーザーにライセンスを割り当てるには、Azure ADディレクトリにユーザーを追加する必要があります。また、ライセンスの割り当てにグループアカウントを使用すると、ライセンス管理がシンプルになります。
> ユーザーの追加、グループの追加、ライセンスの割り当ての詳細は、「第3章　カスタムドメイン、ユーザー、グループの管理」で解説します。

それでは、第2章に進んで、実際にAzure ADディレクトリを使用してみましょう！

# Azure Active Directoryを使ってみよう！

## 第 2 章

1 まずは、サインアップ！

2 サインアップに使用できるアカウント

3 Azure Active Directory テナント（ディレクトリ）の作成

4 Azure Active Directory ディレクトリの追加と削除

　この章では、Office 365とAzureが、単一のディレクトリデータを共有できるように、Azure Active Directoryテナント（ディレクトリ）を構成する手順を、2つのパターンで解説します。

　また、サインアップで使用できるアカウントの種類、構成上の注意事項、Azure Active Directoryディレクトリの追加と削除についても見ていきます。

# 1 まずは、サインアップ！

　Azure Active Directoryテナント（ディレクトリ）を作成するには、Office 365、Intune、Dynamics CRM Online、またはAzureのサインアップが必要です。

　第1章でも説明したように、Office 365、Intune、Dynamics CRM Onlineは、Azure ADを認証基盤として使用しています。既にOffice 365を契約している組織は、Office 365のユーザー登録、ライセンス付与、ユーザー認証などで、既にAzure ADディレクトリを使用しています。

**Office 365、Intune、Dynamics CRM Onlineの認証基盤はAzure AD**

　また、Azure ADはAzureが提供しているサービスの1つなので、Azureにサインアップすることによって、Azure ADディレクトリを作成することもできます。次の図は、Azure無料試用版のサインアップ画面です。

**Azure無料試用版サインアップ画面**

# 2 サインアップに使用できるアカウント

　AzureやOffice 365のサインアップは、マイクロソフトのパブリッククラウドサービスで認証されたアカウントで行います。マイクロソフトのパブリッククラウドサービスで認証されるアカウントには、"Microsoftアカウント"と"職場または学校アカウント"という2つの種類があります。

## "Microsoftアカウント"と"職場または学校アカウント"

　1つ目の"Microsoftアカウント"は、Outlook.com（Hotmail）、Messenger、OneDrive、MSN、Xbox Liveなどの、マイクロソフトのコンシューマー向けクラウドサービスにアクセスできる、個人ユーザー向けアカウントです。以前は、"Windows Live ID"と呼ばれていました。"Microsoftアカウント"は、必要に応じてエンドユーザーが、いつでも、いくつでも作成できます。たとえば、あるユーザーがOutlook.comのメールボックスにサインアップすると、マイクロソフトパブリッククラウドサービスのMicrosoftアカウントのシステムに、そのユーザーの"Microsoftアカウント"が作成されます（Azure ADディレクトリには登録されません）。また、普段使用している電子メールアドレスを"Microsoftアカウント"として登録することもできます。

> **参照**
> 　"Microsoftアカウント"の取得方法は、次のサイトを参照してください。
>
> 「**Microsoftアカウント登録手続き**」
> https://www.microsoft.com/ja-jp/msaccount/signup/

　もう1つの"職場または学校アカウント"は、Azure ADディレクトリに登録されるアカウントのことで、以前は、"組織アカウント"と呼ばれていました。これは、企業や教育現場の管理者が作成するアカウントなので、ユーザーが個人的に作成することはできません。
　Office 365、Intune、Dynamics CRM Onlineへのサインインとサインアップは、"職場または学校アカウント"しか使用できませんが、Azureへのサインインとサインアップは"Microsoftアカウント"と"職場または学校アカウント"のどちらでも使用できます。

## サインイン/サインアップできるアカウントの種類とマイクロソフトクラウドサービスの関係

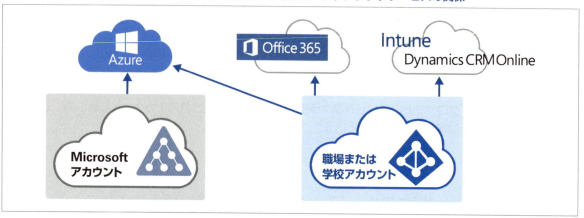

　Office 365の場合もAzureの場合も、サインアップによってAzure ADテナントが用意され、その中にAzure ADディレクトリが作成されます。そして、サインアップに使用したアカウントが、そのクラウドサービスの管理者アカウントになります。

　このとき、複数のクラウドサービスに単一の"職場または学校アカウント"でサインアップした場合は、1つのAzure ADディレクトリを複数のクラウドサービスで共有できます。しかし、それぞれのクラウドサービスに異なるアカウントでサインアップした場合は、複数のAzure ADディレクトリが作成され、ばらばらの運用になります。つまり、Azure ADディレクトリの構成は、サインアップに使用するアカウント、サインアップする順番に影響を受けるので注意してください。

## アカウントとサインアップの関係

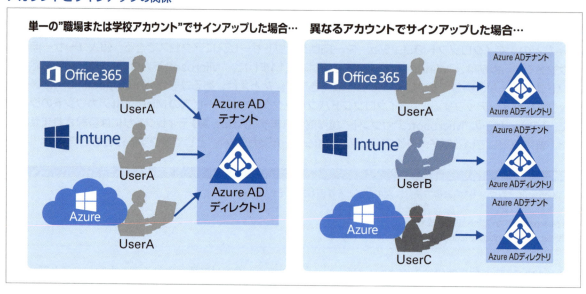

### 注意
#### 複数のAzure ADディレクトリの統合はできない
複数のAzure ADディレクトリのデータを統合することはできません。最終的にどのようなAzure ADディレクトリを構成したいかを明確にして、きちんと計画したうえで、Office 365やAzure ADのサインアップを行うようにしてください！

それでは、既にOffice 365を契約している環境にAzureを導入したい場合、既にAzureを契約している環境にOffice 365を導入したい場合、どのアカウントを使用して、どのような順番でサインアップを行えば、よりシンプルで管理しやすいAzure ADディレクトリを構成できるのでしょうか。次に、Azure ADディレクトリの構成パターンとその手順について、見ていきましょう。

---

**ここまでのまとめ**

Azure ADを使用するには、Azure、Office 365、Intune、Dynamics CRM Onlineなどの、マイクロソフトのパブリッククラウドサービスへのサインアップが必要です。Azureにサインアップするには"Microsoftアカウント"または"職場または学校アカウント"によるサインインが必要です。Office 365、Intune、Dynamics CRM Onlineにサインアップするには"職場または学校アカウント"が必要です。そして、サインアップに使用したアカウントが、それぞれのパブリッククラウドサービスの管理者になります。

複数のクラウドサービスに単一の"職場または学校アカウント"でサインアップした場合は、1つのAzure ADディレクトリを複数のクラウドサービスで共有できます。

Azure ADディレクトリの構成は、サインアップに使用するアカウント、サインアップする順番に影響を受けます。Azure ADディレクトリ作成後に、複数のAzure ADディレクトリ間でディレクトリデータを統合することはできないので、事前の計画が非常に重要です！

# 3 Azure Active Directory テナント（ディレクトリ）の作成

　Azure AD テナント（ディレクトリ）を作成するには、Office 365、Intune、Dynamics CRM Online、または Azure にサインアップします。Office 365 などにサインアップしていて Azure にサインアップしていない場合、Azure のポータルを使用できません。企業ネットワーク環境を想定している本書では、Azure ポータルから Azure AD Premium エディションの機能を構成できるように、Azure のサインアップも行っていきます。このとき、既に Office 365（Intune、Dynamics CRM Online）のサブスクリプションを持っているか、持っていないかによって、Azure のサインアップ手順が変わってきます。
　ここでは、Office 365 と Azure の無料試用版を使用して、最終的に Office 365 と Azure が単一の Azure AD ディレクトリを共有する構成の手順を、次の2つのパターンで見ていきます。

・パターン1：Office 365 → Azure の順番でサインアップする場合
・パターン2：Azure → Office 365 の順番でサインアップする場合

**本書で取り上げる2つの構成パターン**

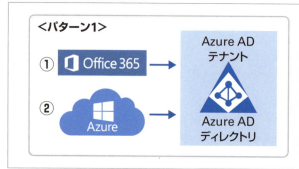 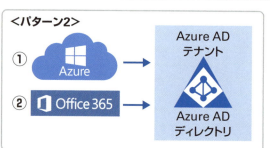

## パターン1：Office 365 → Azure の順番でサインアップする場合

　1つ目のパターンは、既に Office 365 のサブスクリプションを持っている環境に、後から Azure にサインアップする場合です。このときは、Office 365 管理者アカウントである"職場または学校アカウント"を使用して Azure にサインアップすることにより、Office 365 と Azure が1つの Azure AD ディレクトリを共有できるようになります。それでは、無料試用版を使用して、この環境を構成してみましょう。

### 手順1：Office 365 のサインアップ

　Web ブラウザーから Office 365 E5 の無料試用版サイト（https://products.office.com/ja-jp/business/office-365-enterprise-e5-business-software）にアクセスします。
　ここでは、［ユーザー ID の作成］ページの［ユーザー名］ボックスに「admin」、［会社名を入力します］ボックスに「abc666corp」と入力しています。

## Office 365 E5 無料試用版のサインアップ

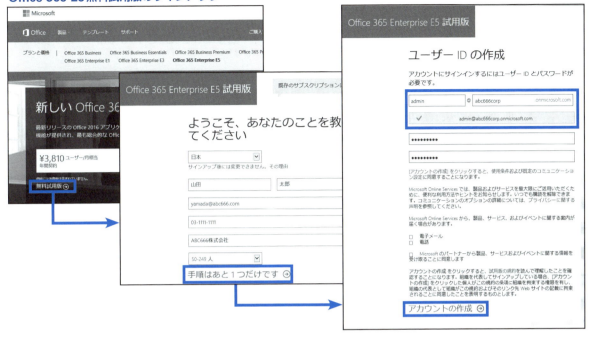

この結果、「abc666corp.onmicrosoft.com」というドメイン名の、Azure ADディレクトリが自動的に作成されます。これは、ABC666株式会社というOffice 365の組織に関連付いたAzure ADディレクトリです。そこに、「admin@abc666corp.onmicrosoft.com」という名前の管理者アカウントが登録されます。

## Office 365の組織と関連付いたAzure ADディレクトリが作成される

*xxx*.onmicrosoft.comというAzure ADディレクトリの既定のドメイン名は、*xxx*.co.jpや*xxx*.comのようにカスタマイズできます。カスタムドメイン名の設定については、「第3章　カスタムドメイン、ユーザー、グループの管理」で解説します。

次に、Azureをサインアップします。Azureも既存のOffice 365のAzure ADディレクトリを共有するには、「admin@abc666corp.onmicrosoft.com」というOffice 365の管理者アカウントで、Azureのサインアップを行う必要があります。

## 手順2：Azureのサインアップ

WebブラウザーからAzureの管理ポータル（https://portal.azure.com/）にアクセスし、Office 365の管理者アカウントでサインインします。Office 365のAzure ADディレクトリと接続した状態で、Azureポータルが表示されます。

### Office 365のAzure ADディレクトリと接続

ただし、このアカウントは、まだAzureのサブスクリプションを持っていないため、［参照］をクリックしても、Azure Active Directoryが表示されません。

### Azure Active Directoryが表示されない

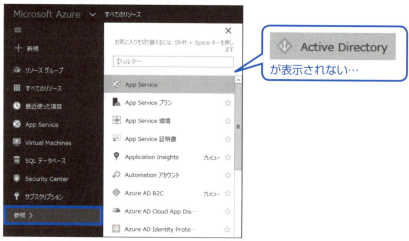

ここで、左側の［新規］、［セキュリティ＋ID］、［Active Directory］の順にクリックして、Azure ADの作成を試みます。現時点では、Azure ADの管理にAzureのクラシックポータルを使用するので、Azureのクラシックポータルへの移動が促されます。しかし、［移動］リンクをクリックしても、このアカウントはAzureサブスクリプションを持っていないため、Azureサブスクリプションの取得（サインアップ）が求められます。

## Azureサブスクリプションの取得を求められる

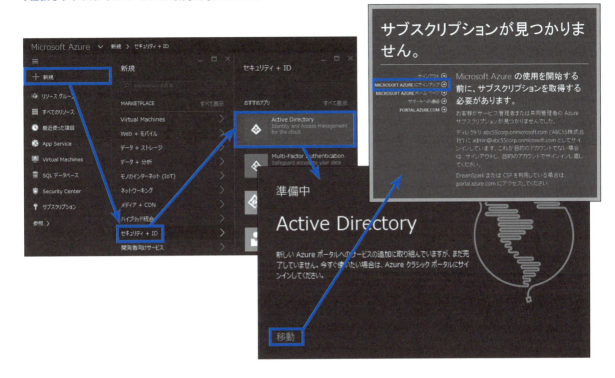

 Office 365管理者アカウントでサインインしている状態で、［サブスクリプションが見つかりません］画面の［MICROSOFT AZUREにサインアップ］をクリックします。Azureの［サブスクリプションの追加］ページで適切なプランを選択し、サインアップ処理を続けます。ここでは、無料試用版のプランを選択しています。

## Office 365管理者アカウントでAzureにサインアップ

この結果、Office 365とAzureとで、単一の「abc666corp.onmicrosoft.com」Azure ADディレクトリを共有する構成ができ上がります。これは、ABC666株式会社という組織と関連付いているAzure ADディレクトリです。そして、Azureにサインアップした「admin@abc666corp.onmicrosoft.com」が、Office 365の管理者アカウントであり、Azureの管理者アカウントになります。

**Office 365とAzureで1つのディレクトリを共有**

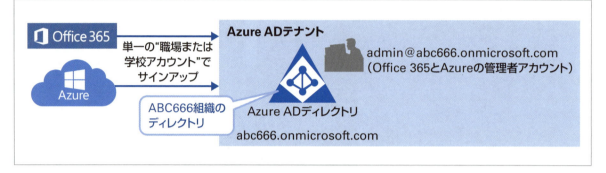

## コラム　Azureの管理者とAzure ADの管理者

　「パターン1：Office 365 → Azureの順番でサインアップする場合」では、Office 365とAzureのサインアップに使用した「admin@abc666corp.onmicrosoft.com」が、Azureの管理者であり、Azure ADディレクトリの管理者です。Azureの管理者とAzure AD ディレクトリの管理者は、管理できる範囲が異なります。Azureの管理者は、Azure仮想マシンやAzure仮想ネットワークなどのAzureリソース全体を管理でき、クラシックポータルからAzure ADの情報を表示できます。Azure ADの管理者は、Azure ADへのユーザー追加など、Azure ADディレクトリ内の管理操作はできますが、そのほかのAzureリソースを管理することはできません。

**Azureの管理者とAzure ADの管理者**

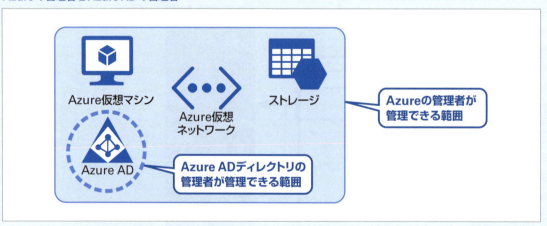

　また、Azure ADの管理者であっても、Azureの管理権限を持っていないユーザーは、Azureのクラシックポータルにサインインできません。ただし、Azure AD PowerShellモジュールやOffice 365管理センターなどの他のツールを使用して、Azure ADディレクトリの管理タスクを実行することはできます。

## コラム　Azureの管理者

　Azureには、「アカウント管理者」、「サービス管理者」、「共同管理者」という3つの管理ロールがあります。既定では、Azureにサインアップしたアカウントがアカウント管理者であり、サービス管理者になります。サービス管理者および共同管理者になれるのは、Azureサブスクリプションが関連付けられているAzure ADディレクトリの"Microsoft アカウント"または"職場または学校アカウント"です。

**Azureのアカウント管理者、サービス管理者、共同管理者**

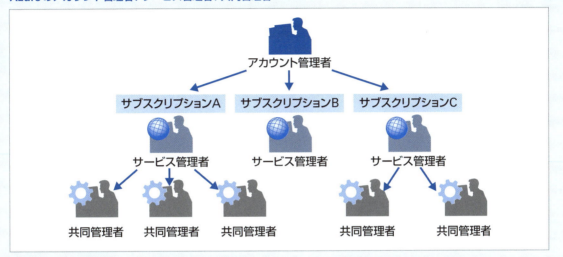

■アカウント管理者

　サブスクリプションの購入、オンライン請求書や契約の管理など、マイクロソフトと顧客との間の金銭や契約に関わる作業を行う管理者です。Azureにサインアップしたアカウントがアカウント管理者となり、次のような作業を行うための管理権限が与えられます。

・Azureサブスクリプションやサポートオプションの購入
・サブスクリプションごとのサービス管理者の指定
・オンライン請求書の発行やサブスクリプション情報などのメール通知の受信
・オンライン請求書ならびに使用量レポートのダウンロード
・支払方法の変更

　アカウントの管理者を別のユーザーに変更するには、Azureのクラシックポータルからアカウントポータル（https://account.windowsazure.com/subscriptions/）を開き、「サブスクリプションの譲渡」という操作を行います。アカウントポータルとサブスクリプション譲渡の詳細は、本章の4節のコラム「AzureサブスクリプションをOffice 365ディレクトリに移す方法」を参照してください。

■サービス管理者

　Azureの各種サービスを構成するための管理者です。各サブスクリプションに1つのサービス管理者が関連付けられます。Azureにサインアップしたアカウントが既定のサービス管理者になります。サービス管理者を別のユーザーに変更するには、Azureのクラシックポータルからアカウントポータルを開き、「サブスクリプション詳細の編集」でカスタマイズします。この操作は、アカウント管理者が行います。

■共同管理者

　サービス管理者と同様に、Azureの各種サービスを構成できる管理者です。既定では存在しませんが、サブスクリプションごとに最大200名まで登録できます。共同管理者は、サービス管理者もしくは共同管理者が追加/削除できます。
　共同管理者を追加するには、Azureのクラシックポータルで、左側の［設定］をクリックし、［管理者］タブをクリックします。画面下部に表示される［追加］をクリックし、共同管理者として追加したいユーザーのメールアドレスを入力します。

**共同管理者の追加**

### コラム　Azure ADの管理者

　Azure ADには、「全体管理者（グローバル管理者）」、「課金管理者」、「サービス管理者」、「ユーザー管理者」、「パスワード管理者」という5つの管理ロールがあります。Azure ADにユーザーを追加する際に、そのユーザーのロールを選択できます（もう1つの「ユーザー」ロールは、一般ユーザーのことです）。

**Azure AD管理者ロールの選択**

**全体管理者（グローバル管理者）**

　既定では、Azure ADディレクトリを作成したアカウントが全体管理者になります。全体管理者は、Azure ADディレクトリのすべての管理機能にアクセスでき、全体管理者だけが他の管理者ロールを割り当てることができます。複数の全体管理者を構成できます。

**課金管理者**

　サブスクリプションの購入と管理、サポートチケットの管理、サービス正常性の監視を行えます。

**パスワード管理者**

　パスワードのリセット、サービス要求の管理、サービス正常性の監視を行えます。ただし、パスワード管理者がリセットできるのは、ユーザーと他のパスワード管理者のパスワードだけです。

**サービス管理者**

　サービス要求の管理とサービス正常性の監視を行えます。

**ユーザー管理者**

　パスワードのリセット、サービス正常性の監視、ユーザー、グループ、およびサービス要求の管理を行えます。ただし、グローバル管理者を削除することや、他の管理者を作成することはできません。また、グローバル管理者、課金管理者、サービス管理者のパスワードをリセットすることもできません。

## パターン2：Azure → Office 365の順番でサインアップする場合

　2つ目は、Office 365のサブスクリプションを持っていない（サインアップしていない）状況で、Azureにサインアップするパターンです。この場合、Azure ADディレクトリがまだ存在していないので、Azureのサインアップに使用できる"職場または学校アカウント"はありません。したがって、Azureのサインアップは、管理者が個人で登録した"Microsoftアカウント"を使用することになります。

　"Microsoftアカウント"は、事前に作成することも、Azureのサインアップ時に作成することもできます。ここでは、無料試用版のAzureにサインアップするときに作成する方法で進めていきます。

本書では、第3章以降、この構成をベースに解説を進めていきます。

### 手順1："Microsoftアカウント"の作成とAzureのサインアップ

　WebブラウザーからAzureの無料試用版サイト（https://azure.microsoft.com/ja-jp/pricing/free-trial/）にアクセスして、［今すぐ試す］をクリックします。サインイン画面が表示されたら、［新規登録］をクリックし、Azureサインアップ用の"Microsoftアカウント"を作成します。ここでは、「yamada.taro777@outlook.jp」という"Microsoftアカウント"を作成しています。

## Azureにサインアップするための"Microsoftアカウント"を作成

　［アカウントの作成］ページで［次へ］をクリックすると、作成した"Microsoftアカウント"でサインインした状態で、Azure無料試用版のサインアップ画面が表示されます。

## 作成した"Microsoftアカウント"でAzureにサインアップ

作成した"Microsoftアカウント"でサインイン

　Azure無料試用版のサインアップ画面で、［1.自分の情報］を入力したら、［2.電話で確認］で自分の携帯電話番号を入力し、［テキストメッセージを受信］をクリックします。確認コードが自分の携帯電話に送られてくるので、その確認コードを画面に入力します。確認コードが確認されると、［3.カードによる確認］に進むことができます。［3.カードによる確認］では、クレジットカード番号の入力が求められます。しかし、安心してください。このクレジットカード情報の入力は、本人の身元確認のためであって、課金の引き落としのためではありません。［4.契約］まで、すべての入力と確認が終わったら、［サインアップ］をクリックします。これで、Azureのサインアップが完了です。

> Azureの無料試用版は、1か月間で約20,500円相当分を使用できます。1か月が経過または約20,500円相当を使い切ってしまうと、無料試用版は使用できなくなります。無料試用版にサインアップしたユーザーが、明示的に有料版にアップグレードしない限り、勝手に有料版に切り替わることも、勝手にクレジットカードに課金されることもありません。

　この結果、"Microsoftアカウント"の名前（@を除いたもの）を使用した、「yamadataro777outlook.onmicrosoft.com」というドメイン名のAzure ADディレクトリが作成されます。これは、どの組織とも関連付いていない、「既定のディレクトリ」となります。

#### 組織と関連付いていない「既定のディレクトリ」が作成される

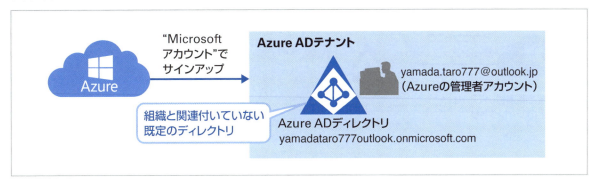

　したがって、このアカウントでAzureポータルを起動すると、次の図のように、どの組織とも関連付いていない「既定のディレクトリ」と接続します。

#### 組織と関連付いていない「既定のディレクトリ」と接続

> "Microsoftアカウント"の文字列で構成された既定のAzure ADディレクトリのドメイン名は、*xxx*.co.jpや*xxx*.comのようにカスタマイズできます。カスタムドメイン名の設定については、「第3章　カスタムドメイン、ユーザー、グループの管理」で解説します。

## 手順2：既定のAzure ADディレクトリにOffice 365サインアップ用アカウントを作成

次にOffice 365をサインアップしたいのですが、前述したとおり、Office 365は"Microsoftアカウント"ではサインインもサインアップもできません。つまり、Azureにサインアップした"yamada.taro777@outlook.jp"アカウントでOffice 365にサインアップすることはできません。それでは「どうすればよいか？」というと、Azureのサインアップで作成された既定のAzure ADディレクトリに、Office 365サインアップ用アカウントを作成すればよいです。ここでは、「admin」という名前で、「yamadataro777outlook.onmicrosoft.com」Azure ADディレクトリにユーザーを追加します。

### 既定のAzure ADディレクトリにOffice 365サインアップ用アカウントを作成

> **参照**
> Azure ADディレクトリへのユーザー追加の詳細は、「第3章 カスタムドメイン、ユーザー、グループの管理」で解説します。

このアカウントは、一般ユーザーではなく、Azure ADディレクトリの「全体管理者」として作成します。

### Azure ADディレクトリの全体管理者アカウントの作成

> このアカウントをAzureの管理者としても使用するには、Azureのクラシックポータルの左側の［設定］の［管理者］タブで、画面下部に表示される［追加］をクリックし、このアカウントを共同管理者として追加してください。
> このアカウントをAzureの共同管理者として設定しないと、このユーザーでAzureのクラシックポータルにアクセスして、Azure ADディレクトリを表示することができません。Azureの共同管理者の詳細は、前述のコラム「Azureの管理者」を参照してください。

## 手順3：Office 365のサインアップ

　WebブラウザーからOffice 365 E5の無料試用版サイト（https://products.office.com/ja-jp/business/office-365-enterprise-e5-business-software）にアクセスし、Office 365にサインアップします。
　このとき、新規に作成する管理者のユーザー名、新規ドメイン名、連絡先情報など、必要な情報をすべて入力してしまうと、新たにAzure ADテナントとAzure ADディレクトリが作成されてしまいます。Office 365も既存のAzure ADディレクトリを共有するには、既存のAzure ADディレクトリに追加したAzure ADディレクトリの全体管理者アカウントで、Office 365にサインアップする必要があります。そうすると、ドメイン名などの情報入力は求められません。
　ここでは、Office 365のサインアップ画面で、右上に表示される［サインイン］をクリックし、手順2で作成した、「admin@yamadataro777outlook.onmicrosoft.com」というAzure ADディレクトリの全体管理者アカウントでサインインして、サインアップを行っています。

**Azure ADに追加したAzure ADディレクトリの全体管理者アカウントでOffice 365にサインアップ**

　この結果、既存の「既定のディレクトリ」が、ABC777株式会社という組織と関連付いたAzure ADディレクトリとして構成されます。AzureとOffice 365は、この単一のAzure ADディレクトリを共有し、Azure ADに追加した「admin@yamadataro777outlook.onmicrosoft.com」アカウントがOffice 365の管理者であり、Azure ADディレクトリの管理者となります。

**Office 365の組織と関連付いたAzure ADディレクトリ**

このアカウントをAzureの共同管理者として設定している場合は、「admin@yamadataro777outlook.onmicrosoft.com」アカウントがAzureの管理者であり、Office 365とAzure ADディレクトリの管理者になります。

**ここまでのまとめ**

Office 365とAzureで単一のAzure ADディレクトリを共有するように構成するには、サインアップするアカウントの種類と順番に注意が必要です。

●パターン1：Office 365 → Azureの順番でサインアップする場合
Office 365の管理者アカウントでAzureにサインアップします。

●パターン2：Azure → Office 365の順番でサインアップする場合
Azureのサインアップで作成された既定のディレクトリに、Office 365のサインアップ用のAzure AD全体管理者アカウントを作成し、このアカウントでOffice 365をサインアップします。さらに、このアカウントをAzureの共同管理者として設定することで、このユーザーがAzureのクラシックポータルを使用できるようになります。

# 4 Azure Active Directory ディレクトリの追加と削除

## Azure Active Directoryディレクトリの追加

　Azure ADディレクトリは、必要に応じて複数追加できます。Azure ADディレクトリの追加には、Azureのクラシックポータルを使用します。

　Azureのクラシックポータルを起動し、左側の［ACTIVE DIRECTORY］をクリックします。左下の［新規］をクリックし、［APP SERVICES］、［ACTIVE DIRECTORY］、［ディレクトリ］、［カスタム作成］の順にクリックします。

　これは、"職場または学校アカウント"を使用してAzureのクラシックポータルにアクセスし、Azure ADディレクトリの追加操作を行っている画面です。

**Azure ADディレクトリの追加（"職場または学校アカウント"）**

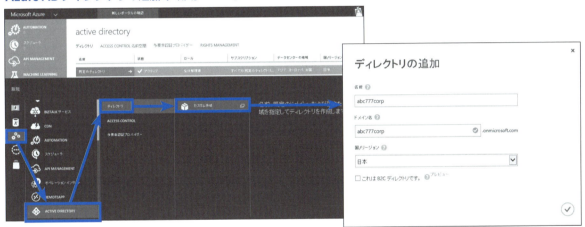

　Azure ADディレクトリを追加するシナリオは、2つ考えられます。

### Azure ADディレクトリを追加するシナリオ1

　1つは、Azure AD本番環境とは別にテスト環境やB2C対応のディレクトリを構成したいような場合です。ただし、前述したとおり、Azure ADディレクトリは完全に独立しているので、それぞれのAzure ADディレクトリは、ばらばらに管理することになります。そして、Azure ADディレクトリ間でデータが混交することはないので、2つのAzure ADディレクトリ間でデータを共有することはできません（誤ってデータが混交することもありません）。

> **参照**
> B2Cディレクトリについては、第4章の6節のコラム「Azure AD B2C」を参照してください。

## 2つのAzure ADテナント（ディレクトリ）は個別管理

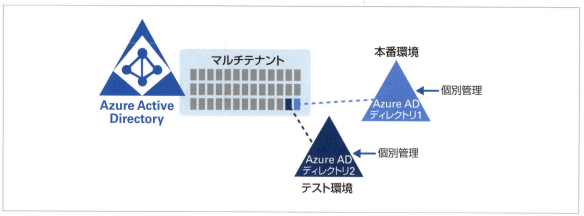

1つのAzureサブスクリプションは、1つのAzure ADディレクトリだけを信頼します。Azureサブスクリプションが信頼しているAzure ADディレクトリの確認と変更には、Azureのクラシックポータルを使用します。Azureのクラシックポータルを起動し、左側の［設定］をクリックし、［サブスクリプション］タブを表示すると、現在信頼されているAzure ADディレクトリが表示されます。
複数のAzure ADディレクトリが存在する場合は、画面下部の［ディレクトリの編集］をクリックすると、信頼するAzure ADディレクトリを変更する画面が表示されます。

### 信頼するAzure ADディレクトリの変更

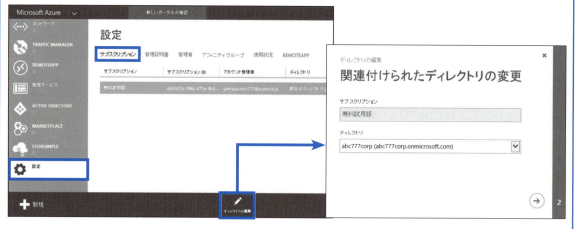

信頼するAzure ADディレクトリを変更すると、既に登録されている共同管理者の情報はすべて削除されます。

## Azure ADディレクトリを追加するシナリオ2

　2つ目のシナリオは、"職場または学校アカウント"を使用してOffice 365にサインアップした後、"Microsoftアカウント"を使用してAzureにサインアップしたような場合です。この場合、Azure ADディレクトリが2つ作成されます。1つは"職場または学校アカウント"でOffice 365にサインアップしたときに作成された、Office 365の組織と関連付いているAzure ADディレクトリです。もう1つは"Microsoftアカウント"でAzureにサインアップしたときに作成された、既定のディレクトリです。

### 2つのAzure ADディレクトリが作成されている場合

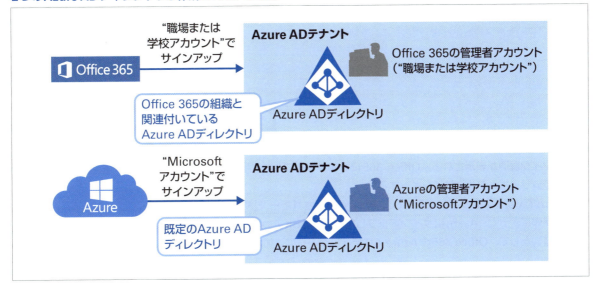

　このような2つのAzure ADディレクトリのデータを、後から統合することはできません。ただし、Azureのポータルに Office 365のAzure ADディレクトリを追加表示することで、Azureのポータルから両方のAzure ADディレクトリを管理することはできます。

　その手順は、次のとおりです。

> 次の手順の途中に、Azureをサインアップした"Microsoftアカウント"と、Office 365をサインアップした"職場または学校アカウント"で、サインイン/サインアウトを繰り返す操作があります。食い違ったアカウントでサインインすると、正しく操作できないので、どちらのアカウントでサインインするのか、気を付けてください。

① Azureにサインアップした"Microsoftアカウント"を使用して、Azureのクラシックポータルにサインインする。
② 左側の［ACTIVE DIRECTORY］をクリックする。
③［新規］、［APP SERVICES］、［ACTIVE DIRECTORY］、［ディレクトリ］、［カスタム作成］の順にクリックする。
④［ディレクトリの追加］画面のプルダウンリストで、［既存のディレクトリの使用］を選択し、［サインアウトする準備ができました］チェックボックスをオンにして、右下の［✔］をクリックする。

## Azure ADディレクトリの追加("Microsoftアカウント")

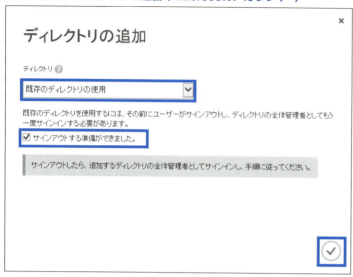

⑤ サインイン画面が表示される。Office 365にサインアップした"職場または学校アカウント"を使用して、Azureのクラシックポータルにサインインする。
⑥ 「Azureで*xxx*ディレクトリを使用しますか」と表示されたら、[続行]をクリックする。
　この操作によって、Azureにサインアップした"Microsoftアカウント"が、Azure ADの全体管理者(グローバル管理者)として、Office 365のAzure ADディレクトリに追加される。

## "Microsoftアカウント"が管理者としてOffice 365のAzure ADディレクトリに追加される

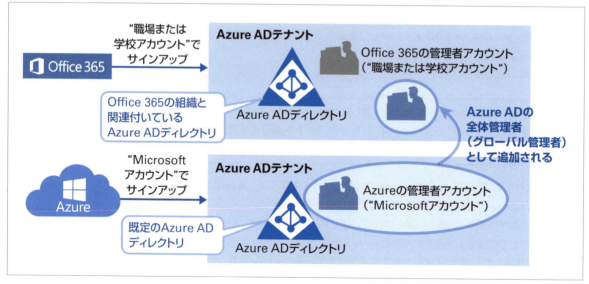

⑦ "Microsoftアカウント"が、全体管理者(グローバル管理者)としてOffice 365のAzure ADディレクトリに追加されたら、[今すぐサインアウト]をクリックする。
⑧ 再度サインイン画面が表示される。Azureにサインアップした"Microsoftアカウント"を使用して、Azureのクラシックポータルに再度サインインする。

この結果、Azureのクラシックポータルの［ACTIVE DIRECTORY］に、2つのAzure ADディレクトリが表示されるようになり、Azureのクラシックポータルで、Office 365のAzure ADディレクトリも管理できるようになります。

> Azureのクラシックポータルには、そのときサインインしているユーザーが管理権限を持っているAzure ADディレクトリが表示されます。

> この手順は、ユーザーが、Azureのクラシックポータルに"Microsoftアカウント"でサインインしているときにのみ実行できます。ユーザーが"職場または学校アカウント"でサインインしている場合、その組織に関連付いているホームディレクトリによってのみアカウントを認証できる仕様になっているため、Azure ADディレクトリの追加画面で［既存のディレクトリの使用］オプションは表示されません。
> ユーザーが、Azureのクラシックポータルに"職場または学校アカウント"でサインインした状態で、Azure ADディレクトリの追加を行っている、本節冒頭の図「Azure ADディレクトリの追加（"職場または学校アカウント"）」を参照してください。この画面には、新規にディレクトリを作成するか、既存のディレクトリを使用するかを選択するプルダウンリストは、表示されていません。

## コラム AzureサブスクリプションをOffice 365ディレクトリに移す方法

　「Azure ADディレクトリを追加するシナリオ2」で解説したように、"職場または学校アカウント"を使用してOffice 365にサインアップし、"Microsoftアカウント"を使用してAzureにサインアップした場合、2つのAzure ADディレクトリが作成されます。
　Azure ADディレクトリは個別管理であり、それぞれのAzure ADディレクトリ内のデータを共有したり、ディレクトリ内のデータを統合したりすることはできません。
　しかし、AzureサブスクリプションをOffice 365のAzure ADディレクトリの管理者に譲渡することで、AzureとOffice 365のサブスクリプションを1つのAzure ADディレクトリに片寄せすることはできます。

サブスクリプションの譲渡の例

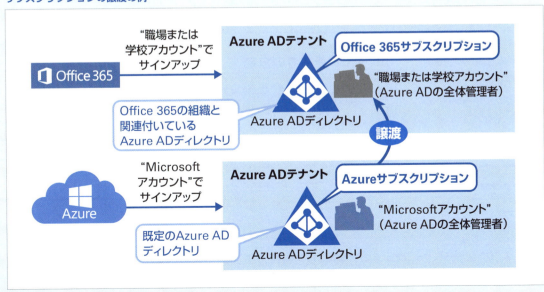

その手順は、次のとおりです。

① Azureにサインアップした"Microsoftアカウント"を使用して、Azureのクラシックポータルを起動する。
② 右上のアカウント名をクリックして、[明細の表示]をクリックする。

**[明細の表示]をクリック**

③ アカウントポータルが起動する（https://account.windowsazure.com/Subscriptions/）。契約しているサブスクリプションの名前をクリックする。

**アカウントポータル**

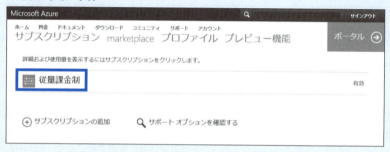

⑤ 右側に表示されるメニューの中から、[サブスクリプションの譲渡]をクリックし、譲渡先のアカウントを指定する（このメニューは、無料試用版には表示されない）。

**サブスクリプションの譲渡先アカウントの入力**

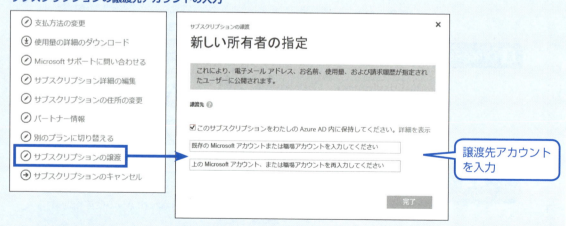

ここでは、Office 365にサインアップした"職場または学校アカウント"を入力し、AzureサブスクリプションをOffice 365のAzure ADディレクトリに関連付けています。

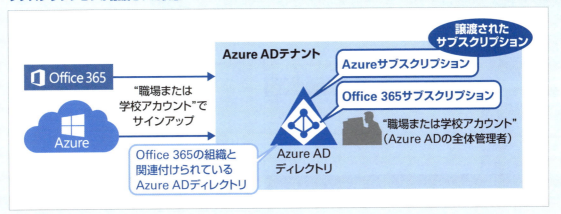

サブスクリプションが譲渡された状態

　Azureサブスクリプションの譲渡が完了すると、譲渡元アカウントおよびAzure ADディレクトリは、Azureのサブスクリプションから切り離されます。AzureサブスクリプションとOffice 365サブスクリプションの両方が、Office 365側のAzure ADディレクトリに関連付けられます（Azureサブスクリプションを譲渡した場合、譲渡元において、Azureサブスクリプションを使用した譲渡元ディレクトリの参照はできなくなります）。

　また、この操作は、Azureサブスクリプションのアカウント管理者を、同一のAzure ADディレクトリの別のユーザーに変更したい場合にも、使用できます。

　サブスクリプションの譲渡の詳細は、次のサイトを参照してください。

「**Azure**サブスクリプションの譲渡」
https://azure.microsoft.com/ja-jp/documentation/articles/billing-subscription-transfer/

## Azure Active Directoryディレクトリの削除

　追加したAzure ADディレクトリの削除も、Azureのクラシックポータルを使用します。ただし、Azure ADディレクトリが使用されている状態で削除することはできません。Azure ADディレクトリを削除するには、次の条件を確認し、Azure ADディレクトリを使用していない状態にしてください。

・Azure ADの全体管理者（グローバル管理者）を除く、すべてのユーザーを削除する
・オンプレミスのWindows Server ADとのディレクトリ同期を無効にする
・Azure ADに登録したSaaSアプリケーションをすべて削除する
・多要素認証の設定を削除する

Azure ADディレクトリからユーザーなどをすべて削除しても、そのAzure ADディレクトリがOffice 365などのオンラインサービスのサブスクリプションと関連付けられている場合、そのAzure ADディレクトリをAzureクラシックポータルから削除することはできません。

　Azure ADディレクトリを削除できる状態になったら、Azureのクラシックポータルで、左側の［ACTIVE DIRECTORY］をクリックし、削除したいAzure ADディレクトリを選択します。画面下部に表示される［削除］をクリックし、［xxxを削除する］チェックボックスをオンにして、［✔］をクリックします。

## Azure ADディレクトリの削除

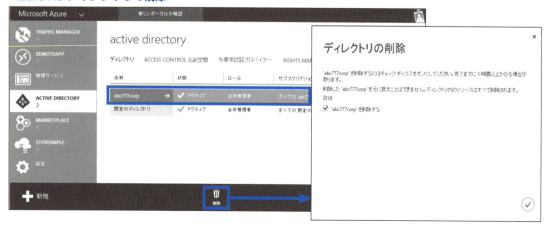

| コラム | 追加表示したAzure ADディレクトリを、クラシックポータルから削除する方法 |

　本節の手順「Microsoft Azure Active Directoryディレクトリの追加」の2つ目のシナリオで解説したように、"職場または学校アカウント"でサインアップしたOffice 365のAzure ADディレクトリを、"Microsoftアカウント"でサインインしているAzureのクラシックポータルに追加表示している場合、ここで解説した手順でAzure ADディレクトリを削除することはできません。Azureのクラシックポータルから、このAzure ADディレクトリを削除したい場合は、Office 365管理センターを使用します。

　Office 365管理センターを起動し、左側の［ユーザー］の［アクティブなユーザー］をクリックし、Azure ADディレクトリに追加されているユーザーの一覧を表示します。その中に、Azureのサインアップで使用した"Microsoftアカウント"がAzure ADの全体管理者（グローバル管理者）として追加されています。そのアカウントを、Office 365管理センターから削除してください。

**Office 365側のAzure ADディレクトリからAzureのサインアップで使用した"Microsoftアカウント"を削除**

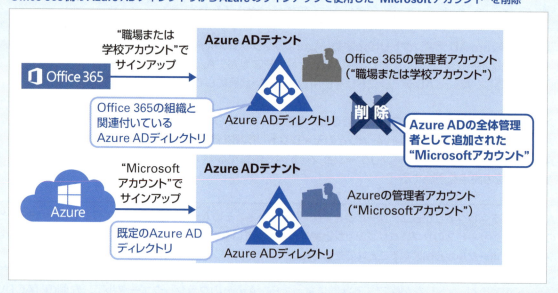

　その結果、Office 365のAzure ADディレクトリが、Azureのクラシックポータルに表示されなくなります。

# カスタムドメイン、ユーザー、グループの管理

第 **3** 章

**1** Azure Active Directory のユーザーアカウント

**2** カスタムドメインの設定

**3** ユーザーの追加

**4** ライセンスの割り当て

**5** ユーザーパスワードのリセット

**6** グループの管理

本章では、Azure Active Directory ディレクトリへのユーザーとグループの追加、ユーザーパスワードのリセット、ライセンスの割り当てについて、見ていきます。

また、Azure AD ディレクトリには、*xxx*.onmicrosoft.com という既定のドメイン名が設定されます。このドメイン名は、ユーザーが Azure にサインインする際や、Office 365 などの SaaS アプリケーションにサインインする際に入力する、ユーザーアカウントのドメイン名であり、電子メールアドレスのドメイン名としても使用されます。本章では、より馴染みのあるドメイン名（カスタムドメイン）を Azure AD ディレクトリに設定する手順についても、見ていきます。

# 1 Azure Active Directoryの ユーザーアカウント

## Azure ADのユーザーアカウント

　管理者は、マイクロソフトのクラウドサービスやAzure ADディレクトリと統合したSaaSアプリケーションにアクセスするユーザー、つまり、Azure ADディレクトリにサインインするユーザー1人1人に対して アカウントを作成する必要があります。

**Azure ADにサインインするユーザー1人1人に、アカウントを作成する**

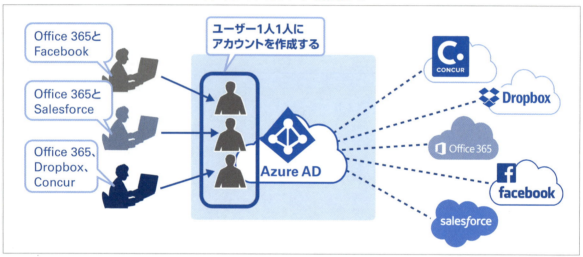

## 組織内のユーザーと外部ユーザー

　ごく一般的なユーザーの作成方法は、管理対象となっているAzure ADディレクトリに「組織内のユーザー」として、新規に追加することです。そのほか、"Microsoftアカウント"を持っている既存のユーザーをその組織のユーザーとして追加する、別のAzure ADディレクトリの既存のユーザーをその組織のユーザーとして追加する、別組織（パートナー企業）の既存のユーザーをその組織のユーザーとして追加するなど、「外部ユーザー」をその組織のユーザーとして追加することもできます。

## 組織内のユーザーと外部ユーザー

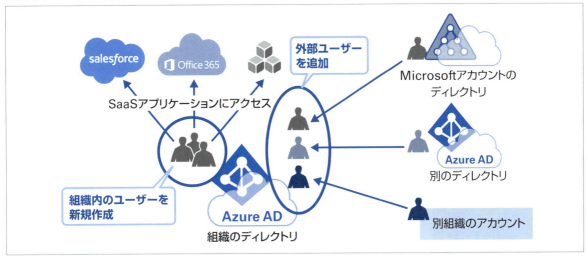

　組織内の新規ユーザーであろうと、既存の外部ユーザーであろうと、Azure ADディレクトリに追加されたユーザーは、Azure ADディレクトリに登録されている、さまざまなSaaSアプリケーションにアクセスできます。つまり、組織内のアプリケーションを外部ユーザーと共有できる、ということです。ただし、業務アプリケーションを好き勝手に使用されるのは困るので、管理者は、自分たちのAzure ADディレクトリに追加したユーザーに対して、SaaSアプリケーションのアクセス制御を設定できます。

　組織内に新規作成したユーザーの認証は、その組織のAzure ADディレクトリが行います。外部ユーザーをAzure ADディレクトリに追加した場合、そのユーザーの認証は、それぞれの外部のシステムで行われます。したがって、そのユーザーが退職し、元のシステムでそのアカウントが削除されると、そのユーザーを認証できなくなるため、Azure ADのSaaSアプリケーションへのアクセスもできなくなります。

> 追加元の外部システム側でユーザーを削除しても、追加先であるAzure ADディレクトリのユーザーは、そのまま残ります。Azure ADディレクトリのユーザーが勝手に削除されることはありません。

## Azure ADディレクトリのドメイン名

　Azure ADディレクトリには、「ドメイン名」という属性があります。既定では、Azure ADディレクトリが作成されるときに、*xxx*.onmicrosoft.comという名前が設定されます（*xxx*は、ワールドワイドでユニークな文字列）。

　Azure ADディレクトリのドメイン名は、ユーザーがAzure ADディレクトリにサインインする際のアカウント名の一部、そして、ユーザーの電子メールアドレスの一部に使用されます。

### Azure ADディレクトリのドメイン名

たとえば、次の図は、第2章で構成したyamadataro777outlook.onmicrosoft.comドメインのOnlineUser1ユーザーが、Office 365にサインインする際の画面です。アカウント名に、「OnlineUser1@yamadataro777outlook.onmicrosoft.com」と入力しています。しかし、これでは、長くて覚えにくいですね。

**Office 365へのサインイン**

Azure ADディレクトリのドメイン名は、*xxx*.comや*xxx*.co.jpのような、その組織が所有している、ユーザーに馴染みのある名前に変更できます。これを、カスタムドメインと呼びます。1つのAzure ADディレクトリに、既定のドメイン名とカスタムドメイン名が設定されている場合、ユーザーを追加する際に、どちらのドメイン名をアカウント名に使用するかを指定できます。

本章では、最初にAzure ADディレクトリのカスタムドメインを設定し、その後で、カスタムドメインを使用してユーザーを追加していきます。

---

本書では、「第2章　Azure Active Directoryを使ってみよう！」の3節の手順「パターン2：Azure → Office 365の順番でサインアップする場合」で構成した環境を使用して、第3章以降の解説を進めていきます。

# 2 カスタムドメインの設定

　これは、Azureのクラシックポータルで、左側の［ACTIVE DIRECTORY］をクリックし、管理対象とする「既定のディレクトリ」の［ドメイン］タブをクリックした画面です。

**Azure ADディレクトリの［ドメイン］タブ**

　ここでの「既定のディレクトリ」には、Azureのサインアップで使用したyamada.taro777@outlook.jpという"Microsoftアカウント"名を基に「yamadataro777outlook.onmicrosoft.com」というドメイン名が設定されています。
　この組織が「abc777corp.top」というドメイン名を既に取得している場合、このドメイン名をカスタムドメインとして、Azure ADディレクトリに設定できます。
　カスタムドメインの追加は、Azureのクラシックポータルを使用します。追加したカスタムドメインを、ユーザーのアカウント名や電子メールアドレスの一部に使用できるようにするには、その組織がそのドメイン名を所有していることをインターネット上で確認できるように、外部DNSサーバーにカスタムドメインのTXTレコード（またはMXレコード）を登録する必要があります。

## 外部DNSサーバーにTXTレコードを登録

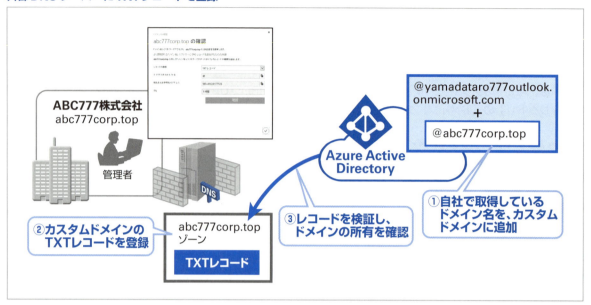

外部DNSサーバーに登録するTXTレコードの値は、カスタムドメインを追加する作業の中で、Azureのクラシックポータルの画面に表示されます。その情報をコピーアンドペーストして、外部DNSサーバーにTXTレコードを登録します。

カスタムドメインを追加し、それをプライマリドメインとして設定する手順は、次のとおりです。

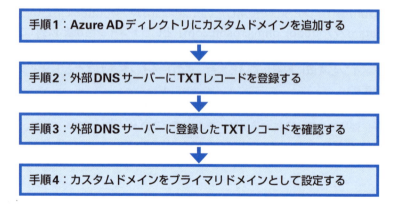

# 手順1：Azure ADディレクトリにカスタムドメインを追加する

① 管理者として、Azureのクラシックポータルにアクセスする。
② 左側の［ACTIVE DIRECTORY］をクリックし、対象となるAzure ADディレクトリをクリックし、［ドメイン］タブをクリックする。
③ 画面下部に表示される［追加］をクリックする。

#### カスタムドメインの追加

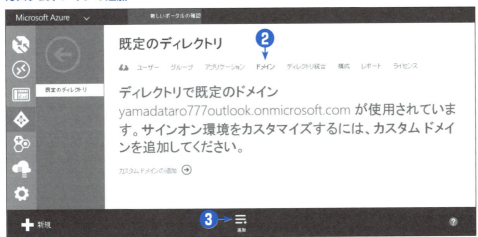

④ カスタムドメインを入力する。ここでは、「abc777corp.top」と入力している。
⑤ ［追加］をクリックする。
⑥ カスタムドメインが正常に追加されたら、［→］をクリックする。

#### カスタムドメインの入力

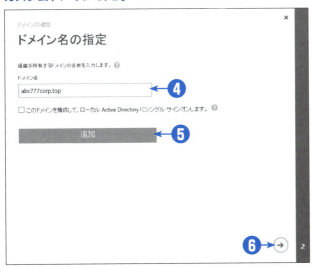

⑦ 外部DNSサーバーに登録するTXTレコードの情報が表示される。

#### 外部DNSサーバーに登録するTXTレコードの情報

> 外部DNSサーバーにTXTレコードを追加できない場合は、[レコードの種類]のプルダウンリストからMXレコードを選択できます。

次の手順2で、「MS=」で始まる[宛先または参照先アドレス]の文字列を、外部DNSサーバーにTXTレコードの値として登録します。

## 手順2：外部DNSサーバーにTXTレコードを登録する

　Azureのクラシックポータルの画面に表示されたTXTレコードの情報を、外部DNSサーバーに登録します。ここで使用するDNSサーバーは、組織に展開しているDNSサーバーでもよいですし、インターネットのさまざまなDNSサービスを使用してもかまいません。
　次の図は、インターネットのある外部DNSサービスを使用して、TXTレコードを登録した画面です。

#### 外部DNSサービスに登録したTXTレコード

# 第3章 カスタムドメイン、ユーザー、グループの管理

## コラム AzureのDNSゾーン（パブリックプレビュー）

　Azureが提供しているDNSゾーン（外部DNSサービス）を使用して、TXTレコードを登録することもできます。この機能は、2016年7月時点、パブリックプレビューとして公開されています。ここでは、「abc777corp.com」という名前のゾーンとTXTレコードを設定しています。

①管理者としてAzureポータル（https://portal.azure.com）にアクセスする。
②［新規］、［ネットワーキング］、［DNSゾーン］の順にクリックする。

**Azure DNSサービスでDNSゾーンの作成**

③［DNSゾーンの作成］画面で、ゾーン名を入力し、リソースグループやサブスクリプションなどを指定し、［作成］をクリックする。ここでは、ゾーン名に「abc777corp.com」と入力し、「ABC777-RG」という名前のリソースグループを作成している。

**DNSゾーンの作成**

④DNSゾーンのデプロイメントが終わったら、左側の［参照］、［DNSゾーン］の順にクリックする。作成したゾーン名をクリックし、［レコードセット］をクリックする。

#### DNSゾーンにレコードセットを追加

⑤Azureのクラシックポータルでカスタムドメインを追加したときに表示された、TXTレコードの情報を使用して、レコードセットを追加する。

#### TXTレコードの追加

## 手順3：外部DNSサーバーに登録したTXTレコードを確認する

　再び、Azureのクラシックポータルの［ドメイン］タブに戻ります。まだドメインの所有確認を終えていないカスタムドメインを選択し、画面下部に表示される［確認］をクリックします。TXTレコード情報の画面が表示されます。［確認］をクリックし、所有確認が成功すると、画面上部に「ドメインが正常に確認されました」というメッセージが表示されます。

**追加したTXTレコードの確認**

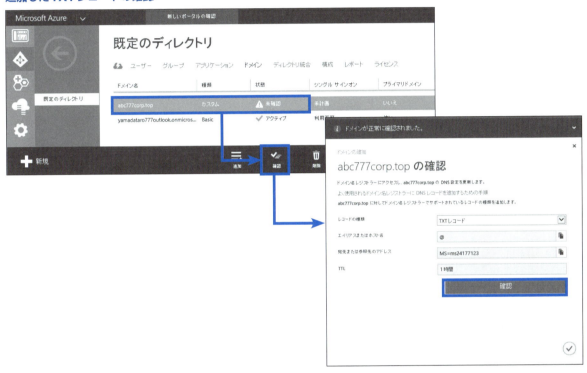

外部DNSサーバーにTXTレコードを追加してから確認できるようになるまで、少し時間がかかる場合があります。すぐに確認できない場合は、少し待ってから再度手順3の操作を行ってください。

　ドメインの所有確認が終わると、追加したカスタムドメインを、ユーザーのアカウント名や電子メールアドレスのドメイン名として、実際に使用できるようになります。しかし、現時点では、まだ、既定の長いドメイン名が、メインで使用するプライマリドメインとして設定されたままです。今後、追加したカスタムドメインをメインに使用できるように、プライマリドメインの設定を変更しましょう。

## 手順4：カスタムドメインをプライマリドメインとして設定する

　Azure ADディレクトリの［ドメイン］タブで、カスタムドメインを選択し、まだ、プライマリドメインになっていないことを確認します。画面下部に表示される［プライマリの変更］をクリックし、カスタムドメインが表示されていることを確認し、［✔］をクリックします。

### プライマリドメインの変更

　この結果、追加したカスタムドメインが、プライマリドメインとして設定されました。

### プライマリドメインとして設定された

　これ以降、ユーザーを追加する際、「abc777corp.top」が既定のドメイン名として使用されます。

第3章　カスタムドメイン、ユーザー、グループの管理

本書のadmin管理者ユーザー（admin@yamadataro777outlook.onmicrosoft.com）のように、アカウント名が非常に長いと、毎回のサインインの入力が大変です。シンプルなカスタムドメインを追加したら、既存ユーザーのアカウントのドメイン名を変更しておきましょう。

ただし、Azure ADディレクトリにサインインしている状態で、自分のアカウント名を変更することはできません。ここでは、Azureのサインアップで使用した、yamada.taro777@outlook.jpという"Microsoftアカウント"の管理者がいるので、このユーザーでAzureのクラシックポータルにアクセスします。

左側の［ACTIVE DIRECTORY］、［既定のディレクトリ］、［ユーザー］タブの順にクリックします。対象となるユーザーをクリックし、［ユーザー名］のドメイン名のプルダウンリストで［abc777corp.top］を選択します。画面下部に表示される、［保存］をクリックします。

**アカウントのドメイン名の変更**

これで、Azure ADディレクトリにサインインする際の、アカウント名の入力が楽になります！

# 3 ユーザーの追加

## ユーザーの種類

Azure ADディレクトリに追加するユーザーには、大きく分けて「組織内のユーザー」と「外部ユーザー」という2つの種類があります（1節の図「組織内のユーザーと外部ユーザー」）。そして、外部ユーザーの追加には、「既存のMicrosoftアカウントを持つユーザー」、「別のAzure ADディレクトリのユーザー」、「パートナー会社のユーザー」という3つの種類があります。

これは、ユーザーを追加する際に、ユーザーの種類を選択する画面です。

**ユーザーの種類（4つ）**

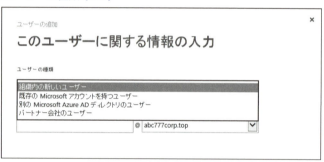

### 組織内の新しいユーザー

管理対象のAzure ADディレクトリに新規作成する、ごく一般的なユーザーです。組織内の新しいユーザーは、追加されたAzure ADディレクトリで認証されます。

### 外部ユーザー

他のシステムに登録されている既存のユーザーをAzure ADディレクトリのユーザーとして追加する場合、そのユーザーを「外部ユーザー」と呼びます。社内リソースを社外のビジネスパートナーと安全に共有したい場合に、外部ユーザーを追加します。外部ユーザーの追加には、次の3つの種類があります。

・既存のMicrosoftアカウントを持つユーザー
　既に"Microsoftアカウント"を持っているユーザーを、管理対象とするAzure ADディレクトリに追加します。

・別のAzure ADディレクトリのユーザー
　別のAzure ADディレクトリに登録されているユーザーを、管理対象とするAzure ADディレクトリに追加します。

・パートナー会社のユーザー
　別の組織であるパートナー会社のユーザーを、管理対象とするAzure ADディレクトリに追加します。このとき、パートナー会社側がAzure ADを使用している必要はありません。AzureのクラシックポータルからCSVファイルのアップロード操作を行い、パートナー会社のユーザーを追加します。

外部ユーザーは、追加先のAzure ADディレクトリではなく、それぞれのシステムのホームディレクトリで認証されます。そのユーザーが退職し、そのユーザーのアカウントが相手組織のホームディレクトリから削除されても、追加先のAzure ADディレクトリから外部ユーザーが自動的に削除されることはありませんが、そのユーザーのホームディレクトリでの認証ができなくなるので、追加先Azure ADディレクトリ側のリソースへのアクセスはできなくなります。また、認証がそれぞれのホームディレクトリで行われるということは、追加先のAzure ADディレクトリ側で多要素認証を有効にしたり、パスワードをリセットしたりすることはできない、ということです。

　本章では、この中から3つ、「組織内の新しいユーザー」、外部ユーザーの「既存のMicrosoftアカウントを持つユーザー」、および「別のAzure ADディレクトリのユーザー」の追加手順を解説します。

> 外部ユーザーの「パートナー会社のユーザー」の追加手順については、SaaSアプリケーション連携のB2Bコラボレーションとして、「第4章　アプリケーションの管理」の6節で解説します。

> 本書の構成のように、"Microsoftアカウント"でAzureにサインアップした場合、その"Microsoftアカウント"がAzureの管理者アカウントとして、Azure ADディレクトリに自動的に追加されます。

## 組織内のユーザーを追加する

　ここでは、OnlineUser1という名前の一般ユーザーを、組織内のユーザーとして、Azure ADディレクトリに追加してみます。

① 管理者として、Azureのクラシックポータルにアクセスする。
② 左側の［ACTIVE DIRECTORY］をクリックし、管理対象とするAzure ADディレクトリをクリックします。
③ ［ユーザー］タブをクリックする。
④ 画面下部に表示される、［ユーザーの追加］をクリックする。

**ユーザーの追加**

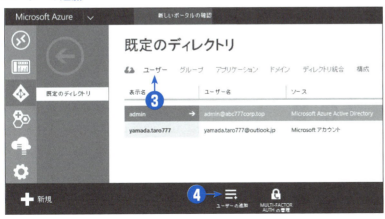

⑤ ［このユーザーに関する情報の入力］ページの［ユーザーの種類］プルダウンリストで、［組織内の新しいユーザー］を選択する。
⑥ ユーザー名を入力する。
　ここでは、既に、カスタムドメイン「abc777corp.top」をプライマリドメインとして設定しているので、［ユーザー名］の「@」の後のドメイン名が「abc777corp.top」となっている。
⑦ ［→］をクリックする。

### ユーザーの種類の選択とユーザー名の入力

⑧ ［ユーザープロファイル］ページで、姓と名、わかりやすい表示名を入力し、適切なAzure ADの管理ロールを選択する。
　ここでは、［ロール］ボックスの一覧で、［ユーザー］ロール（一般ユーザー）を選択している。
⑨ ［→］をクリックする。

### 表示名の入力とAzure AD管理ロールの選択、多要素認証の設定

# 第3章 カスタムドメイン、ユーザー、グループの管理

> **参照**
> Azure ADの管理ロールについては、「第2章　Azure Active Directoryを使ってみよう！」の3節のコラム「Azureの管理者とAzure ADの管理者」および「Azure ADの管理者」を参照してください。

組織内のユーザーの場合は、追加先のAzure ADディレクトリが認証するので、[MULTI-FACTOR AUTHNETICATION]（多要素認証）の設定を有効にできます。多要素認証については、「第5章　多要素認証」で解説します。

⑩ [一時パスワードの取得] ページで、[作成] をクリックする。作成された一時パスワードが画面に表示される。
⑪ [✔] をクリックする。

### 一時パスワードの作成

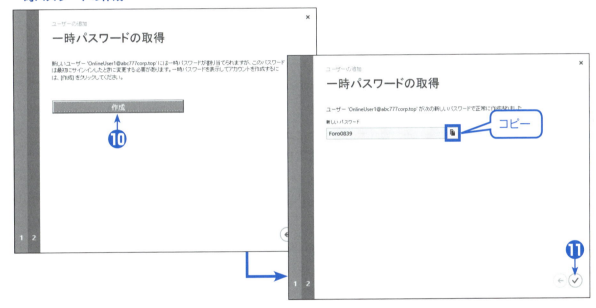

組織内のユーザーの場合は、追加先のAzure ADディレクトリが認証するので、追加先のAzure ADディレクトリにユーザーのパスワードが格納されます。ここで作成された一時パスワードは、管理者の電子メールアドレス宛てにも送信されますが、コピーしてファイルなどに保存することもできます。この一時パスワードは、安全な方法でユーザーに伝えてください。

⑫ ソースが「Microsoft Azure Active Directory」となる、組織内のユーザーが追加される。

## 「Microsoft Azure Active Directory」組織内のユーザーの追加

⑬ ユーザーの一覧で、追加したユーザーをクリックすると、そのユーザーの属性が表示される。ここから、Azure AD の管理ロールや勤務先情報などを変更できる。

## ユーザーの属性

> ユーザーの属性情報の［勤務先情報］タブで、［役職］や［部門］属性を入力しておくと、それらの属性を使用して、グループの動的メンバー登録を行えます。グループの詳細は、本章の6節で解説します。

## コラム　ユーザーのサインインの確認

　ユーザーを追加したら、Azure ADディレクトリにサインインできるかどうかを、本人に試してもらいましょう。その際、Azure ADディレクトリが用意している「アクセスパネル」というサイトを使用して、サインインのテストを行ってみてください。アクセスパネルのURLは、https://myapps.microsoft.com/です。

#### アクセスパネルのURL

　ユーザーの初回サインインで、管理者から教えてもらった一時パスワードを入力した後、本人の新しいパスワードの設定が求められます。

#### 新しいパスワードの設定

　新しいパスワードの設定が終わると、アクセスパネルが表示されます。現時点では、ユーザーが使用できるSaaSアプリケーションがまだ登録されていないので、次のような画面が表示されます。

#### アクセスパネル

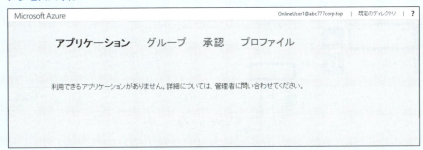

　SaaSアプリケーションの登録については、「第4章　アプリケーションの管理」で解説します。

ご参考までに、次の図は、実際にアプリケーションが登録された状態の画面です。
　なお、近々、アプリケーションパネルの外観が変わる予定です（2016年7月時点）。[試してみる]をクリックすると、新しいインターフェイスが表示されます。本書で紹介している現在のインターフェイスは、タブを使用する操作ですが、新しいインターフェイスにはタブがありません。

### 現在のインターフェイスと新しいインターフェイス

そして、[グループ]パネルからグループ管理を行い、右上のユーザー名をクリックした[プロファイル]メニューから、セルフパスワードリセットの事前設定を行えるようになります。

### [グループ]パネルと[プロファイル]メニュー

> 不要になったユーザーは、Azure ADディレクトリの［ユーザー］タブから削除できます。Azure ADディレクトリには、「ごみ箱」（Recycle Bin）機能があります。そのため、削除されたユーザーは、いったん「ごみ箱」に移動され、移動されたユーザーは30日後に完全に削除されます。したがって、30日未満であれば、元のアクティブなユーザーとして復活させることが可能です。この詳細は、次のサイトを参照してください。
>
> **Technical Evangelist Junichi Anno's Blog**「**Azure ADのごみ箱（recycle bin）**」
> https://blogs.technet.microsoft.com/junichia/2016/04/14/azure-ad-%e3%81%ae%e3%81%94%e3%81%bf%e7%ae%b1%ef%bc%88recycle-bin%ef%bc%89/

## 既存のMicrosoftアカウントを持つユーザーを追加する

ここでは、「suzuki.hanako666@outlook.jp」という"Microsoftアカウント"を持つ既存のユーザーを、MicrosoftUser1という表示名で、一般ユーザーの外部ユーザーとして、Azure ADディレクトリに追加してみます。最初の操作は、「組織内のユーザーを追加する」の手順①～③と同じです。

④ ［このユーザーに関する情報の入力］ページの［ユーザーの種類］プルダウンリストで、［既存のMicrosoftアカウントを持つユーザー］を選択する。
⑤ ［MICROSOFTアカウント］に、そのユーザーの"Microsoftアカウント"名を入力する。ここでは、「suzuki.hanako666@outlook.jp」と入力する。
⑥ ［→］をクリックする。

**ユーザーの種類の選択と"Microsoftアカウント"名の入力**

⑦ ［ユーザープロファイル］ページで、姓と名、わかりやすい表示名を入力し、適切なAzure ADの管理ロールを選択する。
⑧ ［✔］をクリックする。

### 表示名の入力と Azure AD 管理ロールの選択

> 「既存の Microsoft アカウントを持つユーザー」に、Azure AD の多要素認証を設定することはできません。そのため、この画面に多要素認証の設定は表示されません。また、このユーザーのパスワードは "Microsoft アカウント" のホームディレクトリ側が管理しているので、一時パスワードを作成する画面も表示されません。

⑨ ソースが「Microsoft アカウント」となる、「suzuki.hanako666@outlook.jp」という外部ユーザーが追加される。

### ユーザーの属性

"Microsoft アカウント" の名前「suzuki.hanako666@outlook.jp」が、このユーザーのアカウント名になります。ユーザー作成時に入力した「MicrosoftUser1」は表示名であって、アカウント名ではありません。
したがって、アクセスパネル（https://myapps.microsoft.com/）でサインインをテストするときは、「suzuki.hanako666@outlook.jp」というアカウント名と、本来の "Microsoft アカウント" のパスワードを入力します。そうすると、"職場または学校アカウント" のサインインページから、"Microsoft アカウント" のサインインページにリダイレクトされ、認証されます。

## "Microsoftアカウント"のサインインページにリダイレクトされて認証（アクセスパネル）

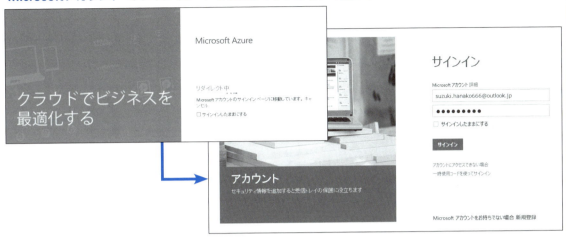

ところで、"職場および学校アカウント"しか使用できないOffice 365においては、「suzuki.hanako666@outlook.jp」という"Microsoftアカウント"でサインすることはできません。そのため、「suzuki.hanako666_outlook.jp#EXT#@yamadataro777outlook.onmicrosoft.com」という文字列で、Office 365のユーザー名（メールアドレス）が自動的に設定されます。しかし、Office 365のユーザー名には、文字、数字、および3つの特殊記号（_、-、'）しか使用できないので、このユーザーにOffice 365のライセンスが付与されていたとしても、このユーザー名ではOffice 365にサインインできません。

したがって、Office 365にもサインインする場合は、Office 365の管理センターから、このユーザーのプライマリのメールアドレスを、「suzuki.hanako666@abc777corp.top」のように変更してください。

## プライマリメールアドレスの変更後（Office 365）

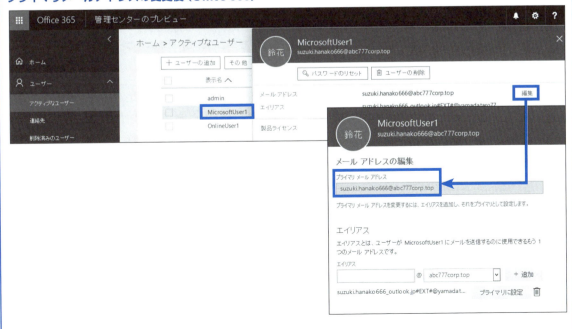

## コラム 「既存のMicrosoftアカウントを持つユーザー」の活用例

　Azure ADには、Azure Active Directory Rights Managementという機能があります。これは、社内/社外ユーザーと安全に情報を共有できる、情報漏えい対策機能です。

**Azure AD Rights Managementによるデータ保護**

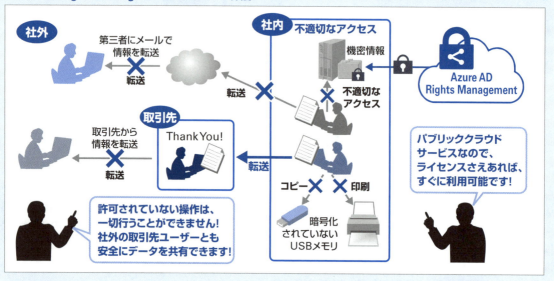

　この機能を使用してデータを保護するユーザーも、保護されたデータを閲覧するユーザーも、Azure ADディレクトリに認証される必要があります。つまり、"Microsoftアカウント"ではなく、"職場または学校アカウント"が必要です。もし、会社対会社ではなく、個人的に情報を安全に共有したい社外ユーザーの組織がAzure ADを使用していない場合は、「既存のMicrosoftアカウントを持つユーザー」を活用できます。

　情報を安全に共有したい社外ユーザーに"Microsoftアカウント"を取得してもらい、それを、皆さんのAzure ADディレクトリに「既存のMicrosoftアカウントを持つユーザー」として追加し、Office 365にサインインできるようにメールアドレスを変更し、その人に「個人用RMS」にサインアップしてもらうことで、そのユーザーもAzure AD Rights Managementを使用できるようになります。

　Azure AD Rights Managementと個人用RMSの詳細は、次のサイトを参照してください。

**「Azure Active Directory Rights Managementの概要」**
https://technet.microsoft.com/ja-jp/library/jj585026.aspx

**「個人用RMSにサインアップする方法」**
https://docs.microsoft.com/ja-jp/rights-management/understand-explore/rms-for-individuals-user-sign-up

　なお、Azure RMSの後継として、Azure Information Protectionが公開されています（パブリックプレビュー）。Azure Information Protectionの詳細は、次のサイトを参照してください。

**「Announcing Azure Information Protection」（Enterprise Mobility and Security Blog）**
https://aka.ms/en/blog/aip

**「Azure Information Protection」**
https://aka.ms/en/aip

## 別のAzure ADディレクトリのユーザーを追加する

　別のAzure ADディレクトリに登録されている既存のユーザーを、管理対象とするAzure ADディレクトリに、外部ユーザーとして追加できます。
　ここでは、同じAzureサブスクリプション内に「テスト環境ディレクトリ」という名前のAzure ADディレクトリを別途作成し、そこにTestUser1（TestUser1@abc777corptest.onmicrosoft.com）というユーザーを追加しました。このユーザーを、「既定のディレクトリ」に、一般ユーザーとして追加してみます。

### 「テスト環境ディレクトリ」の「TestUser1」ユーザー

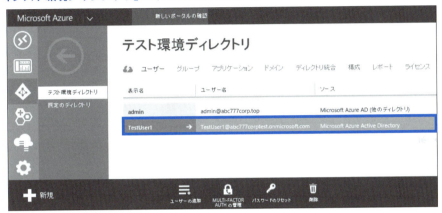

　最初の操作は、「組織内のユーザーを追加する」の手順①～③と同じです。

④ ［このユーザーに関する情報の入力］ページの［ユーザーの種類］で、［別のMicrosoft Azure ADディレクトリのユーザー］を選択する。
⑤ ［ユーザー名］には、「テスト環境ディレクトリ」のTestUser1ユーザーのアカウント名（TestUser1@abc777corptest.onmicrosoft.com）を入力する。
⑥ ［ロール］で、適切なAzure ADの管理ロールを選択する。
⑦ ［✔］をクリックする。

ユーザーの種類の選択、別のAzure ADディレクトリのユーザー名の入力、Azure AD管理ロールの選択

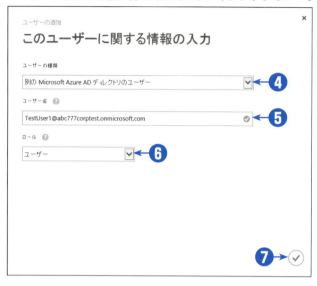

⑧ ソースが「Microsoft Azure AD（他のディレクトリ）」となる、外部ユーザーが追加される。

「Microsoft Azure AD（他のディレクトリ）」外部ユーザーの追加

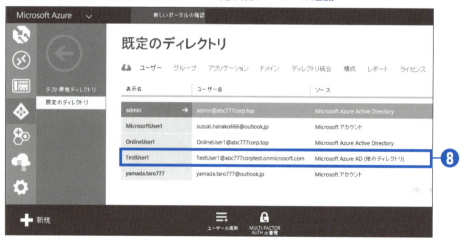

外部ユーザーの属性情報も、組織内のユーザーと同様に、Azureのクラシックポータルから編集します。つまり、追加元システムのホームディレクトリでユーザー属性を編集しても、その情報が追加先のAzure ADディレクトリに同期されてくるわけではありません。Azure ADディレクトリに追加した外部ユーザーの属性情報は、追加元システムのホームディレクトリから独立しています。

参照

ここで追加した外部ユーザーへのSaaSアプリケーションの使用許可の設定は、「第4章　アプリケーションの管理」で解説します。また、もう1つの、外部ユーザーの「パートナー会社のユーザー」の追加手順についても、SaaSアプリケーション連携のB2Bコラボレーションとして、「第4章　アプリケーションの管理」で解説します。

# 4 ライセンスの割り当て

　Azure ADディレクトリにユーザーを追加したら、必要に応じて、追加したユーザーに、パブリッククラウドサービスのユーザーライセンスを割り当てます。ユーザーの追加とライセンスの割り当ては別の管理タスクなので、ユーザーを追加しても、ライセンスを割り当てなければ、そのユーザーはパブリッククラウドサービスを使用できません。

　ただし、Azure ADディレクトリは既定でFreeエディションで構成されるので、これをこのまま使用する場合は、Azure ADディレクトリのライセンスをユーザーに割り当てる必要はありません。しかし、Azure ADのBasicおよびPremiumエディションのサブスクリプションを購入した場合は、それらの機能を必要とするユーザーに、Azure ADディレクトリの有償サブスクリプションのライセンスを割り当ててください。

　Azure ADのBasicおよびPremiumエディションのライセンスをユーザーに割り当てるには、Azureのクラシックポータルで、管理対象とするAzure ADディレクトリの［ライセンス］タブを使用します。既に購入済みのサブスクリプションを選択し、画面下部に表示される［割り当て］をクリックします。

**［ライセンス］タブの［割り当て］をクリック**

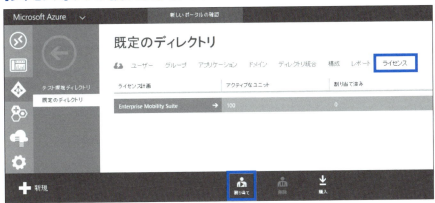

> 本書では、より多くのオンラインサービスを検証できるように、「第1章　Azure Active Directoryの概要」の5節で、Enterprise Mobility + Security（EMS）無料試用版のサブスクリプションを「既定のディレクトリ」に関連付けています。Azure ADディレクトリのエディション、サブスクリプション、Enterprise Mobility + Security（EMS）の詳細は、「第1章　Microsoft Azure Active Directoryの概要」の4節と5節を参照してください。

　ライセンスの割り当て画面が表示されたら、適切なユーザーを選択（クリック）します。選択したユーザーが、右側の［割り当て］リストに追加されたことを確認し、［✔］をクリックします。外部ユーザーにも、ライセンスを割り当てできます。

## ユーザーへのライセンス割り当て

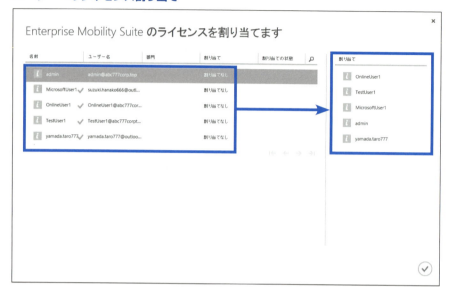

　ここでは、管理者も含む5人のユーザーに、Azure AD Premiumエディションを含む、EMSの評価版サブスクリプションのライセンスを割り当てました。

## 5つ割り当て済み

　これ以降、この5人のユーザーは、EMSに含まれているAzure AD Premiumエディションの有償機能を使用できます。

### コラム　グループによるライセンス管理

　ライセンスをグループに割り当てると、そのグループのメンバー全員に、ライセンスを一括で割り当てられます。そして、そのグループからユーザーを削除すると、そのユーザーから該当するライセンスが自動的に削除されます。
　グループの詳細は、本章の6節で解説します。

## コラム　Office 365管理センターからのライセンス割り当て

　Azure ADディレクトリの有償ライセンスのほか、Office 365などのマイクロソフトパブリッククラウドサービスのユーザーライセンスも、ユーザーを追加した後で、割り当てる必要があります。
　それには、Office 365管理センターの［ユーザー］の［アクティブなユーザー］で、ユーザーの一覧を表示し、1人または複数のユーザーを選択します。

**Office 365管理センターからライセンスを一括割り当て**

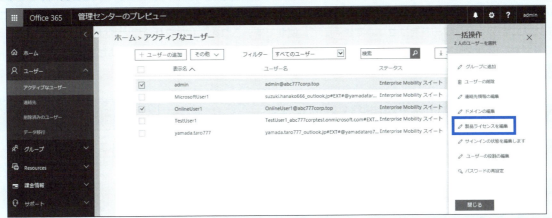

　複数のユーザーを選択した場合は、ライセンスの一括割り当てになります。タスク一覧の［製品ライセンスを編集］をクリックし、割り当てるライセンスの種類をオン/オフで選択します。
　Office 365の管理センターを使用すると、Office 365のライセンスだけでなく、Azure AD PremiumやIntuneライセンスを含むEMSのライセンス、Dynamic CRM Onlineのライセンスなども割り当てできます。

**さまざまなライセンスをまとめて割り当てできる**

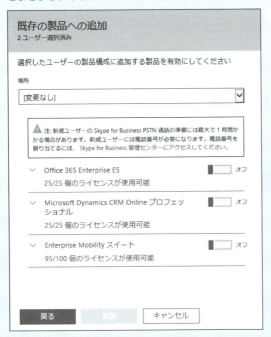

# ユーザーパスワードのリセット

　ユーザーが自分のパスワードを忘れてしまったとき、一般的には、ユーザー本人がヘルプデスクなどのIT部門に連絡し、管理者権限を持っている担当者がリセットを行います。しかし、パスワードリセットまでに時間がかかると、そのユーザーの業務がストップしてしまいます。Azure ADのBasicおよびPremiumエディションであれば、ユーザー本人が自分でパスワードをリセットできるので、便利です。これを、セルフパスワードリセットと呼びます。
　ここでは、管理者によるパスワードリセットと、ユーザー本人によるセルフパスワードリセットの、両方の手順を見ていきます。

## 管理者によるパスワードリセット

　管理者がユーザーパスワードをリセットするには、Azureのクラシックポータルを使用します。

① 管理者として、Azureのクラシックポータルにアクセスする。
② 左側の［ACTIVE DIRECTORY］、［既定のディレクトリ］、［ユーザー］タブの順にクリックする。
③ ユーザーの一覧で、パスワードをリセットしたいユーザーを選択する。
④ 画面下部に表示される［パスワードのリセット］をクリックする。

**［パスワードのリセット］をクリック**

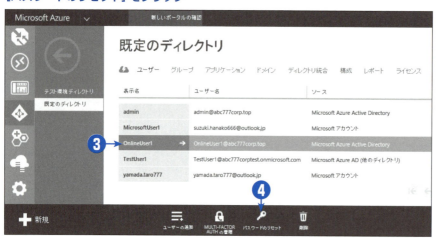

第3章　カスタムドメイン、ユーザー、グループの管理

⑤ ［リセット］をクリックすると、新しいパスワードが作成される。
⑥ パスワードをファイルなどにコピーしたら、[✔]をクリックする。

#### 新しいパスワードの作成

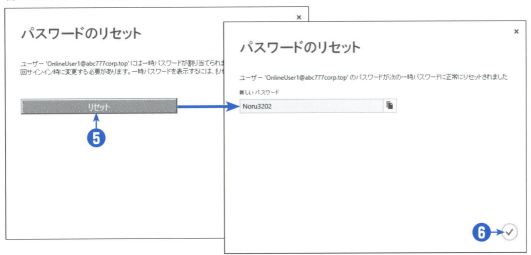

　この新しいパスワードを、ユーザー本人に安全な方法で伝えてください。これは一時パスワードなので、ユーザーが次にサインインする際、自分のパスワード設定が求められます。

画面下部に表示される［パスワードのリセット］コマンドは、Azure ADディレクトリの組織内のユーザーに対してのみ表示されます。外部ユーザーを選択しても、[パスワードのリセット]コマンドは表示されません。外部ユーザーのパスワードリセットは、それぞれのホームディレクトリで行います。
これは、"Microsoftアカウント"の外部ユーザーを選択した画面です。

#### 外部ユーザーに対してはパスワードリセットを実行できない

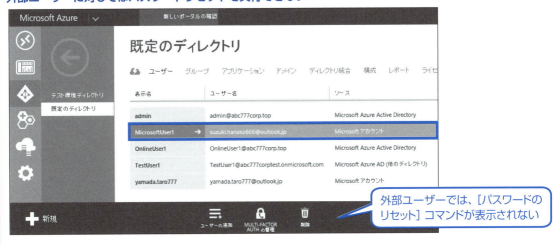

## コラム　Office 365管理センターからのパスワードリセット

　単一のAzure ADディレクトリをAzureとOffice 365とで共有している場合、Office 365の管理センターから、Azure ADディレクトリのユーザーのパスワードをリセットすることもできます。
　Office 365管理センターで、[ユーザー] の [アクティブなユーザー] をクリックし、ユーザーの一覧から対象となるユーザーを選択します。[パスワードのリセット] をクリックします。

**Office 365管理センターのパスワードリセット**

リセット画面が表示されます。

**管理者が初期パスワードを作成**

　Azureのクラシックポータルからリセットする場合、常に新しい一時パスワードが作成されます。しかし、Office 365管理センターの場合は、管理者が初期パスワードを手入力することもできます。

第3章　カスタムドメイン、ユーザー、グループの管理

## ユーザー本人によるセルフパスワードリセット（Basic/Premium）

　Azure ADのBasicおよびPremiumエディションを使用すると、ユーザー本人が自分でパスワードをリセットできます。

> セルフパスワードリセットは、Azure ADのBasicおよびPremiumエディションの機能です。この機能を実行するには、次のユーザーにAzure AD のBasicおよびPremiumライセンスが割り当てられている必要があります。
>
> ・セルフパスワードリセットを構成する管理者
> ・セルフパスワードリセットを実行するすべてのユーザー

ユーザー本人が自分のパスワードをリセットする手順は、次のとおりです。

```
手順1：ユーザーパスワードのリセットポリシーを構成する（管理者操作）
            ↓
手順2：セルフパスワードリセットの認証用電話を設定する（ユーザー操作）
            ↓
手順3：セルフパスワードリセットを実行する（ユーザー操作）
```

　手順1は、管理者がAzureのクラシックポータルを使用し、Azure ADディレクトリに対して1回だけ事前に行う操作です。手順2は、ユーザー本人がアクセスパネル（https://myapps.microsoft.com/）を使用して、1回だけ事前に行う操作です。手順3は、ユーザーがパスワードリセットポータル（https://passwordreset.microsoftonline.com/）を使用して、自分のパスワードをリセットするときに、その都度行う操作です。
　ここでは、OnlineUser1ユーザー（OnlineUser1@abc777corp.top）が自分のパスワードをリセットする手順を見ていきます。

### 手順1：ユーザーパスワードのリセットポリシーを構成する（管理者操作）
　これは、管理者が事前に1回だけ行う操作です。

①管理者として、Azureのクラシックポータルにアクセスする。
②左側の［ACTIVE DIRECTORY］、［既定のディレクトリ］の順にクリックし、［構成］タブをクリックする。

**Azure ADディレクトリの［構成］タブ**

③ [ユーザーパスワードのリセットポリシー] の [パスワードのリセットが有効になっているユーザー] を、[はい] に変更する。
④ [ユーザーが使用できる認証方法] に [携帯電話] が含まれていること、[サインイン時にユーザーに登録を求めますか？] が [はい] になっていること、および必要な他のポリシーの構成を確認する。

**ユーザーパスワードのリセットポリシー**

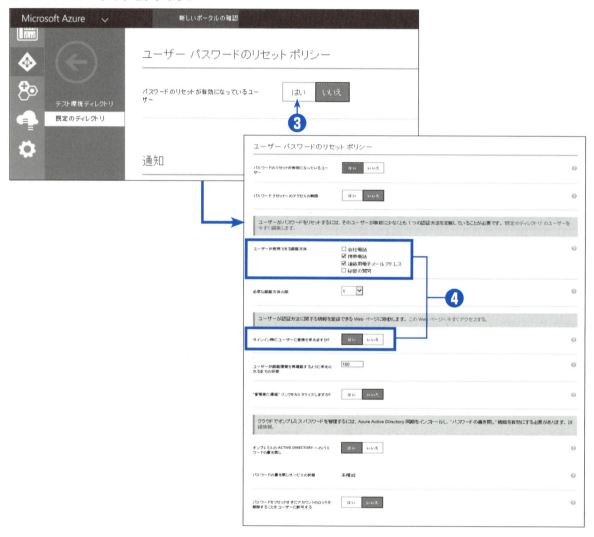

⑤ 画面下部に表示される [保存] をクリックし、設定を反映する。

## 手順2：セルフパスワードリセットの認証用電話を設定する（ユーザー操作）
これは、ユーザーが事前に1回だけ行う操作です。

①Webブラウザーを起動し、パスワードをリセットするユーザーとして、アクセスパネル（https://myapps.microsoft.com/）にアクセスする。ここでは、OnlineUser1ユーザー（OnlineUser1@abc777corp.top）としてサインインしている。
②アクセスパネルの［プロファイル］タブをクリックし、［パスワードの再設定用に登録する］をクリックする。

### アクセスパネルの［プロファイル］タブ

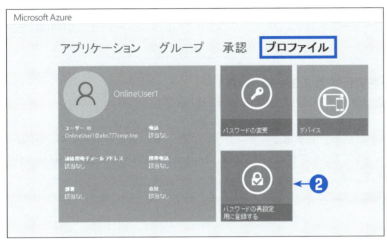

③認証用電話の構成の［今すぐセットアップ］をクリックする。
④国番号に［日本（+81）］を選択し、認証用電話として使用する携帯電話の電話番号を入力する。
⑤［テキストメッセージを送信する］をクリックする。

### 認証用電話のセットアップ

⑥入力した携帯電話に確認コードが送信されてくるので、受信した確認コードを入力し、［確認］をクリックする。
⑦［完了］をクリックする。

> ［認証用電子メールアドレスが構成されていません］の方も、［今すぐセットアップ］をクリックして、設定しておきましょう。

> アクセスパネル（https://myapps.microsoft.com/）は、登録ポータル（http://aka.ms/ssprsetup）と呼ばれることもあります。

　新しいインターフェイスでは、右上のユーザー名をクリックした［プロファイル］メニューから、認証用電話を設定します。

### 手順3：セルフパスワードリセットを実行する（ユーザー操作）
　これは、ユーザーが自分のパスワードをリセットする際に、その都度行う操作です。

①Webブラウザーを起動し、パスワードをリセットするユーザーが、パスワードリセットポータル（https://passwordreset.microsoftonline.com/）にアクセスする。ここでは、OnlineUser1ユーザー（OnlineUser1@abc777corp.top）としてサインインしている。
②アカウント名と画面に表示された文字列を入力する。
③［次へ］をクリックする。

#### アカウント名と文字列の入力

第3章　カスタムドメイン、ユーザー、グループの管理

④手順2で事前に認証用電話として登録した、携帯電話の番号を入力する。
⑤［SMS送信］をクリックする。

**認証用電話による認証**

⑥入力した携帯電話に確認コードが送信されてくるので、受信した確認コードを入力し、［次へ］をクリックする。
⑦新しいパスワードを入力する。
⑧［完了］をクリックする。

**新しいパスワードの入力**

　パスワードをリセットしたら、再度アクセスパネルにアクセスし、新しいパスワードでサインインできることを確認してください。

アクセスパネルなどのサインインページで、[アカウントにアクセスできない場合] というリンクをクリックすることでも、パスワードリセット画面を表示できます。

**サインインページからのパスワードリセット**

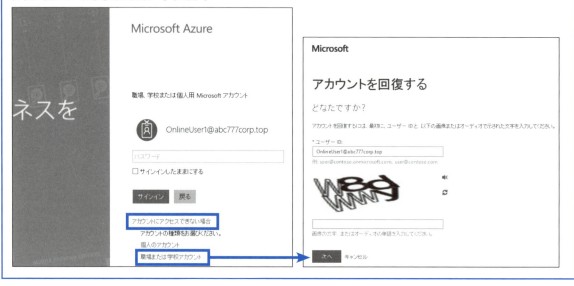

> **コラム　パスワードのリセットを特定のユーザーに制限する方法**
>
> 　パスワードリセットの実行を、すべてのユーザーではなく、一部のユーザーに限定できます。それには、Azure ADディレクトリの [構成] タブを開き、[ユーザーパスワードのリセットポリシー] の [パスワードのリセットが有効になっているユーザー] を、[はい] に変更します。そうすると、[パスワードをリセットできるグループ] という項目が表示されます。ここで指定したグループのメンバーだけが、パスワードを自分でリセットできるようになります。
> 　既定では、「SSPRSecurityGroupUsers」というグループが指定されています。これは、自動的に作成されるグループです。独自に作成したグループを指定したい場合は、そのグループの表示名を入力してください。
>
> **パスワードのリセットを特定のユーザーに制限するグループの指定**
>
> 画面下部に表示される [保存] をクリックし、設定を反映します。

それでは、次に、グループの管理について、見ていきましょう。

# 6 グループの管理

## グループの活用

　リソースのアクセス制御やライセンス管理にグループを使用すると、人事異動などによるアカウントのメンテナンスがシンプルになります。

　たとえば、SaaSアプリケーションなどのリソースへのアクセス制御で、ユーザーに対して直接アクセス許可を付与する代わりにグループを使用すると、そのグループのメンバー全員にまとめてアクセス許可を設定できます。そして、人事異動などで、そのグループからユーザーを削除すると、そのユーザーからリソースへのアクセス許可が削除されます。

**グループを使用するリソースへのアクセス制御**

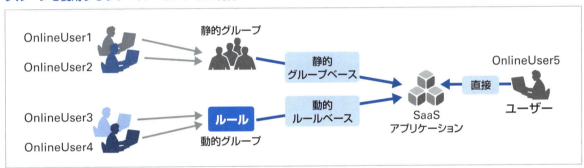

> グループには、固定メンバーを静的に追加するタイプと、ユーザー属性をベースとするルールでメンバーを動的に追加するタイプがあります。

　また、ライセンスをグループに割り当てると、そのグループのメンバー全員に、ライセンスを一括で割り当てることができます。人事異動などで、そのグループからユーザーを削除すると、そのユーザーからそのライセンスが削除されます。

### グループを使用したライセンスの割り当て

## グループを追加する

　ここでは、「営業グループ」と「広報グループ」という、2つのセキュリティグループを作成します。セキュリティグループは、アクセス制御に使用できるタイプのグループです。

　グループの追加は、Azureのクラシックポータルを使用します。管理対象とするAzure ADディレクトリの［グループ］タブをクリックし、画面下部に表示される［グループの追加］をクリックします。

### グループの追加

[名前]に「営業グループ」と入力し、[✔]をクリックします。

**営業グループの追加**

　同様に、「広報グループ」も追加します。次の図は、Azure ADディレクトリの［グループ］タブをクリックした画面です。グループの一覧に表示されている「SSPRSecurityGroupUsers」は、本章の5節のコラムで登場した、パスワードリセットの制御用に自動的に作成されたグループです。

**作成した2つのグループとパスワードリセットの制御グループ**

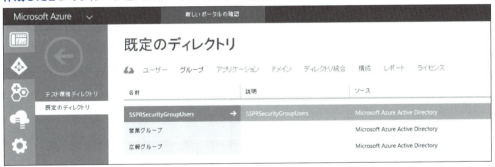

ここで作成した2つのセキュリティグループは、電子メールアドレス属性を持っていません。配布グループ（メーリングリスト）と呼ばれる、電子メールアドレス属性を持つグループは、Office 365のExchange Onlineの管理ポータルで作成してください。

## コラム　Office 365グループ（パブリックプレビュー）

グループの作成時に、［グループタイプ］のプルダウンリストで［Office 365グループ］も選択できます。

### Office 365グループの作成

Office 365グループは、Office 365の機能で、同僚との共同作業を目的に使用するグループです。Office 365グループで使用できる機能は、スレッド（会話などのチャットができるOulook on the Webの機能）、予定表、メンバー（グループ管理）、ファイル（OneDriveによるグループ内資料の共有）の4つです。Office 365グループは、管理者が作成することも、ユーザーが作成することもできます。

次の図は、一般ユーザーであるOnlineUser1がOffice 365のOutlook（Outlook on the web）にアクセスしている画面です。左側中央に、［グループ］という項目があり、自分が参加しているOffice 365グループの一覧、グループの新規作成ができるようになっています。

### Office 365グループ（ユーザーのOutlook on the Web画面）

現在、この機能はパブリックプレビューとして公開されています（2016年7月時点）。

## グループにメンバーを追加する

　グループを追加したら、そのグループにメンバーを追加します。グループへのメンバーの追加は、静的に行うことも、動的に行うこともできます。静的なメンバーの追加とは、「この人と、この人」のように、メンバーを具体的に選択して追加する方法です。メンバー情報のメンテナンスは、常に管理者が手動で行います。動的なメンバーの追加とは、ユーザーの部門や役職などの属性を使用して、事前に指定したルールに従って自動的にメンバーを追加する方法です。人事異動が発令されたとき、ユーザーの属性を変更するだけで、自動的にグループメンバーを変更できるので、グループメンバーのメンテナンスがシンプルになります。

　ここでは、営業グループのメンバーを静的に追加し、広報グループのメンバーを動的に追加してみます。また、ここでは、既定のディレクトリに、OnlineUser2、OnlineUser3、OnlineUser4という3人の組織内のユーザーを新たに追加しました。OnlineUser1とOnlineUser2が営業部門、OnlineUser3とOnlineUser4が広報部門のユーザーです。

#### 4人の組織内ユーザーを追加

### 静的なメンバーの追加

　「営業グループ」のメンバーを、静的に追加してみます。グループの一覧で「営業グループ」をクリックすると、［メンバー］タブが開かれます。静的にメンバーを追加するには、［メンバー］タブの画面下部に表示される［メンバーの追加］をクリックします。

#### 営業グループの静的なメンバーの追加

［メンバーの追加］画面で、OnlineUser1とOnlineUser2を選択し、［✔］をクリックします。

### ユーザーの選択

営業グループのメンバーとして、2人のユーザーが追加されました。

### 営業グループのメンバー

　グループからメンバーを削除したい場合は、削除したいユーザーを選択し、画面下部に表示される［削除］をクリックします。

## 動的なメンバーの追加（Premium）

「広報グループ」のメンバーを、動的に追加してみます。

> グループの動的なメンバーの追加は、Azure AD Premiumエディションの機能です。この機能を実行するには、次のユーザーにAzure AD Premiumライセンスが割り当てられている必要があります。
>
> ・グループのメンバー追加ルールを作成する管理者
> ・ルールによって、グループのメンバーとして選択されるすべてのユーザー

グループの一覧で［広報グループ］をクリックすると、［メンバー］タブが開かれます。動的にメンバーを追加するには、グループの［構成］タブをクリックします。［動的メンバーシップ］の［動的メンバーシップを有効にする］を［はい］に変更すると、ルールを構成するオプションが2つ表示されます。

> **注意**
> 動的メンバーを有効にすると、構成ルールに一致しないメンバーが削除されます。既にメンバーを追加している場合は、注意してください。

ここでは、1つ目の［追加するユーザーの所属］ルールオプションを選択し、［department］が［と等しい（-eq）］の値に「広報」と入力します。

**広報部門のユーザーをメンバーとして追加するルールを構成**

画面下部に表示される［保存］をクリックすると、ユーザーの［勤務先情報］タブの「部門」属性に「広報」と入力されているユーザーが、メンバーとして動的に追加されます。

**広報グループのメンバー**

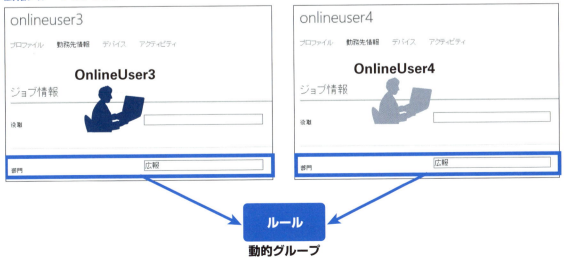

広報グループのメンバーの［メンバー］タブをクリックすると、動的に追加されたメンバーを確認できます。

## 広報グループの動的なメンバーの確認

動的メンバーシップの構成で、［追加するユーザーの所属］ルールオプションをオンにしたとき、指定できる属性は1つだけです。しかし、動的メンバーシップの構成で、［高度なルール］という2つ目のルールオプションをオンにすると、複数のユーザー属性とさまざまな演算子を使用して、より詳細にメンバーの追加条件を指定できます。これは、「広報グループ」の［構成］タブの画面です。

## 「広報部門であり、かつ、役職がリーダー」という条件

詳細は、次のサイトを参照してください。

## 「属性を使用した高度なルールの作成」
https://azure.microsoft.com/ja-jp/documentation/articles/active-directory-accessmanagement-groups-with-advanced-rules/

## グループ管理の委任とセルフ管理（Premium）

管理者の負担が大きいとき、プロジェクトリーダーや部門長にグループ管理作業を任せることができます。

> グループ管理の委任とセルフ管理は、Azure AD Premiumエディションの機能です。この機能を実行するには、次のユーザーにAzure AD Premiumライセンスが割り当てられている必要があります。
>
> ・グループ管理の委任を構成する管理者
> ・グループ管理を委任され、グループのセルフ管理を行うすべてのユーザー

### グループ管理の委任と所有者の追加

　Azure ADディレクトリの［構成］タブに、［グループ管理］という項目があります。その中の［委任されたグループ管理を有効にします］を［はい］に変更すると、管理者ではなく、一般ユーザーにグループの管理を任せることができます。

#### グループ管理の委任の有効化

　この中の、［セキュリティグループのためのセルフサービスを使用できるユーザー］を［一部］に変更すると、セキュリティグループをセルフ管理できるユーザーを制限できます。既定では、自動的に作成される「SSGMSecurityGroupsUsers」というグループが指定されています。このグループにメンバーを追加すると、そのユーザーだけが、セキュリティグループを自分で管理できるようになります。

画面下部に表示される［保存］をクリックし、設定を反映させます。ここでは、設定を保存した後、「SSGMSecurityGroupsUsers」グループのメンバーにOnlineUser1ユーザーを追加しました。さらに、「営業グループ」の［所有者］タブを使用して、OnlineUser1ユーザーを営業グループの所有者として追加しました。

**所有者の追加**

## グループのセルフ管理

　グループ管理を委任され、営業グループの所有者となったOnlineUser1ユーザーは、アクセスパネルを使用して、営業グループを管理できます。アクセスパネル（https://myapps.microsoft.com/）にOnlineUser1としてサインインして、［グループ］タブ（新しいインターフェイスの場合は［グループ］パネル）をクリックすると、グループ管理の画面が表示されます。

**グループのセルフ管理**

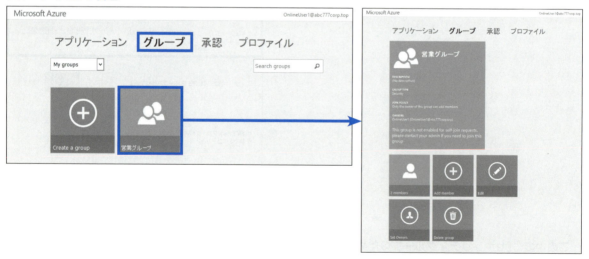

　グループ管理の画面から、新しいグループの作成、既存グループへの参加、所有しているグループのメンテナンスなどを行えます。

# アプリケーションの管理

第 **4** 章

1 SaaSアプリケーションのアカウント管理、認証、認可

2 アプリケーション統合で生産性を向上させよう！

3 構成例1：Facebookとの統合（パスワードSSO）

4 構成例2：Salesforceとの統合（Azure ADフェデレーションSSO）

5 統合したアプリケーションへのSSOアクセス（ユーザー操作）

6 アプリケーションの企業間連携（Azure AD B2Bコラボレーション）

7 Azure ADアプリケーションプロキシ経由のオンプレミスアプリケーションへのアクセス

組織の管理者は、Azure Active Directoryディレクトリに SaaSアプリケーションを登録（追加）し、ユーザーが1つのポータルからすべてのアプリケーションに1クリックでSSO（シングルサインオン）できる環境を構築できます。本章では、「アプリケーション統合」機能の概念、具体的な構築手順、およびユーザーからのアクセス方法を解説します。

また、アプリケーションの企業間連携（Azure AD B2Bコラボレーション）と、Azure ADアプリケーションプロキシ経由でオンプレミスのアプリケーションにアクセスする方法についても、見ていきます。

# 1 SaaSアプリケーションの
# アカウント管理、認証、認可

あらゆる規模の企業にとって、生産性向上は重要な課題です。さまざまなデバイスで、いつでも、どこからでもアクセスできる、最近のワークスタイルに合う、生産性向上をもたらす手段の1つとして、SaaSアプリケーションの導入が注目されています。パブリッククラウドが進化して、より身近なものになってきた現在、SaaSアプリケーションを導入する組織が年々増加しています。しかし、生産性向上のためにSaaSアプリケーションを導入したとしても、管理者とユーザーが余計な作業に追われてしまうと、本来の業務の生産性を低下させてしまうかもしれません。

通常、組織の管理者は、SaaSアプリケーションごとにユーザーアカウントを作成し、管理します。したがって、新しい社員が入ってきたり、部署異動が行われたり、社員が退職したりすると、組織の管理者は、その都度、アプリケーションごとにアカウントをメンテナンスしなければなりません。また、業務に関係ないユーザーが勝手にSaaSアプリケーションを使用することがないように、アプリケーションのアクセス管理（ユーザーがアプリケーションを使用してよいかどうかの制御）も、それぞれのアプリケーションの管理ツールを使用して、それぞれのアプリケーションごとに行わなければなりません。これでは、導入するSaaSアプリケーションの数に比例して、管理者の負担が大きくなってしまいます。

**多数のSaaSアプリケーションを管理する負担**

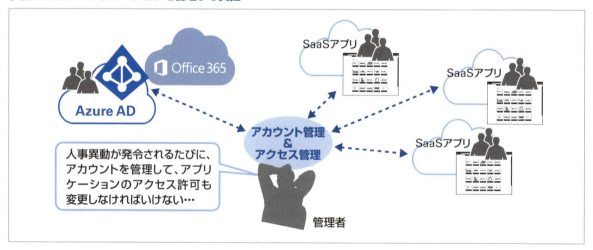

そして、多数のSaaSアプリケーションを使用するユーザーは、それぞれのアプリケーションのユーザーアカウント名とパスワードを覚えておき、それぞれのアプリケーションにアクセスするたびに認証してもらう必要があります。これらのユーザーアカウント名とパスワードは、自分の頭の中で覚えておくしかありません。しかし、多数の資格情報を覚えておくことは簡単ではないので、結局、付箋紙にユーザーアカウント名とパスワードを書き留めてPCに貼ってしまったり、多数のアプリケーションで同じパスワードを使用してしまうようになると、セキュリティ低下の問題が起こりやすくなります。

## 多数のSaaSアプリケーションを使用するユーザーの負担

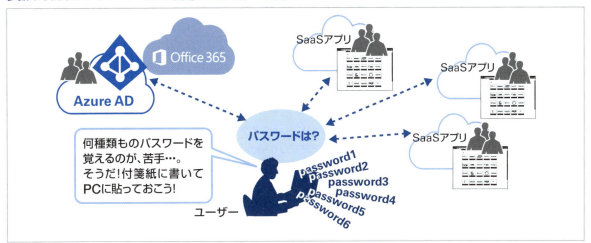

　そこで、多数のSaaSアプリケーションを使用する環境において、ユーザーのアカウント管理、本人確認（認証）、アプリケーションへのアクセス管理を、よりシンプルかつセキュアに行えるように、Azure ADには「アプリケーション統合」という機能が用意されています。

> 本人を確認することを「認証」、認証したユーザーにアプリケーションへのアクセスを許可するかどうかを判断することを「認可」または「承認」と呼びます。

> Azure ADのアプリケーション統合を構成するには、「誰に？」「どのアプリケーションを許可するか？」を、しっかりと事前に計画することが重要です。

# 2 アプリケーション統合で生産性を向上させよう！

## アプリケーション統合とは

　アプリケーション統合とは、Azure ADディレクトリにSaaSアプリケーションを登録（追加）しておき、Azure ADディレクトリに認証されたユーザーが、登録されたアプリケーションにSSO（シングルサインオン）アクセスできる機能です。SSOなので、ユーザーは、Azure ADに登録されている1つのユーザーアカウントを使用して、Azure ADに1回サインイン（認証）するだけです。それ以降、個々のアプリケーションにアクセスするごとに、サインインを求められることはありません。

**Azure ADとSaaSアプリケーションの統合**

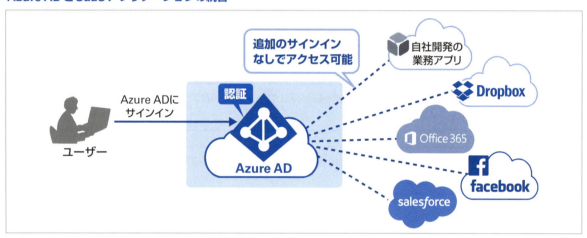

　「アプリケーション統合」は、Azure ADのFreeエディションの機能です。ぜひ使ってみてください。

　Azure ADは、Office 365などのマイクロソフトのプロダクトに限らず、Salesforce、Dropbox、Google、Concur、Facebookなど、世界中のさまざまなベンダーの2,600以上もの既存のSaaSアプリケーションと統合できます。また、自社開発したアプリケーションと統合することもできます。既存のアプリケーションであっても、自社開発したアプリケーションであっても、Azure ADと統合されたアプリケーションは、その組織が認めた（認可した）アプリケーションなので、管理者は安心してユーザーに提供でき、ユーザーは安心して使用できます。

## 組織に認可されているアプリケーション

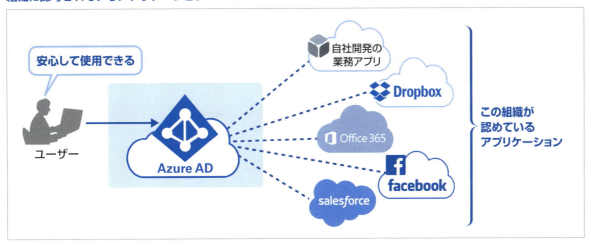

　ユーザーは、アクセスパネル（https://myapps.microsoft.com/）という専用ポータルを使用して、Azure ADと統合したアプリケーションに、1クリックでアクセスします。

## アクセスパネルから1クリックでSSOアクセス

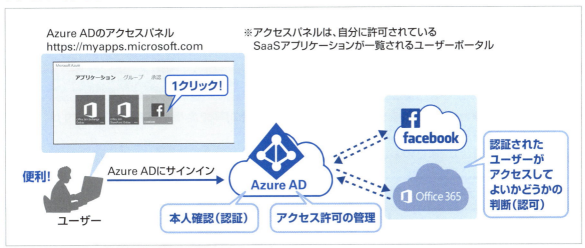

　このときの本人確認（認証）は、Azure ADが担当します。アプリケーションに対するアクセス許可の管理も、Azure AD側で行ないます。そして、アクセスしてきたユーザーに対して、そのアプリケーションにアクセスさせてよいかどうかの判断（認可）を、それぞれのアプリケーションが行います。

| コラム | 組織が管理していないSaaSアプリケーションの検出 |

Azure ADディレクトリと統合されたSaaSアプリケーションは、その組織の方針に合っている、その組織が認めているアプリケーションです。ユーザーが、その組織の方針に合わないSaaSアプリケーションを勝手に使用してしまうと、企業データへの不正アクセス、データ漏洩の可能性、アプリケーション固有のセキュリティリスクなどの問題が起こる危険性が考えられます。そして、その状況を管理者が把握できていなければ、これらのリスクへの対応が困難になってしまいます。

Azure ADディレクトリのPremiumエディションには、「Cloud App Discovery」という機能があります。この機能を使用すると、組織が管理していないSaaSアプリケーションを検出（シャドウITの検出）し、アプリケーションを使用しているユーザーを特定し、アプリケーションの使用状況を測定できます。Cloud App Discoveryの詳細は、次のサイトを参照してください。

**「管理されていないクラウドアプリケーションをCloud App Discoveryで検出する」**
https://azure.microsoft.com/ja-jp/documentation/articles/active-directory-cloudappdiscovery-whatis/

また、異なる複数のクラウドアプリケーションを一元的に管理し、シャドウITの検出、利用状況の把握、セキュリティの向上、そして、Office 365と統合されている、より高度な「Cloud App Security」というサービスの一般提供（GA）も開始されています。Cloud App Securityの詳細は、次のサイトを参照してください。

**「［EMS］Cloud App Security（旧Adallom）一般提供開始！」**
https://blogs.technet.microsoft.com/mskk-deviceandmobility/2016/04/18/ems-cloud-app-security-adallom/

# アプリケーション統合の構成の流れ

この後、FacebookとSalesforceを例に、アプリケーション統合の具体的な構成手順を見ていきますが、その前に、大まかな流れを確認しておきましょう。

アプリケーション統合の大まかな構成の流れは、次のとおりです。

| 手順1：Azure ADディレクトリへのアプリケーションの追加 |

⬇

| 手順2：シングルサインオンの構成 |

⬇

| 手順3：アクセス許可の割り当てとアカウントプロビジョニング<br>　　　※アカウントプロビジョニング（アカウント作成）は、必要に応じて構成する |

アプリケーション統合は、Azureのクラシックポータルで構成します。

## 手順1：Azure ADディレクトリへのアプリケーションの追加

　Azureのクラシックポータルで、Azure ADディレクトリの［アプリケーション］タブをクリックします。既定でAzure ADディレクトリに追加されているアプリケーションが、一覧されます。

### Azure ADディレクトリの［アプリケーション］タブ

　画面下部に表示される［追加］をクリックすると、アプリケーションの追加オプションが表示されます。そこには、アプリケーションギャラリーから既存のアプリケーションを選択するオプションや、自社開発したアプリケーションを選択するオプションが用意されています。

### アプリケーションギャラリーの既存のアプリケーションの追加

　［ギャラリーからアプリケーションを追加します］オプションを選択すると、2,600以上もの既存のSaaSアプリケーションのリスト（アプリケーションギャラリー）が表示されます。この中から、Azure ADディレクトリに追加したいアプリケーションを選択します。

### ギャラリーからアプリケーションを追加するオプション

> **参照**
>
> アプリケーションギャラリーに登録されているアプリケーションの一覧は、次のサイトを参照してください。
>
> 「Active Directory Marketplace」
> https://azure.microsoft.com/ja-jp/marketplace/active-directory/all/

Azure ADのPremiumエディションを使用している場合は、まだギャラリーに登録されていない既存のアプリケーションを指定することもできます。詳細は、次のサイトを参照してください。

「Azure Active Directoryアプリケーションギャラリーに含まれていないアプリケーションへのシングルサインオンの構成」
https://azure.microsoft.com/ja-jp/documentation/articles/active-directory-saas-custom-apps/

## 自社開発したアプリケーションの追加

　自社開発した業務アプリケーションを自組織のAzure ADディレクトリに追加するには、[組織で開発中のアプリケーションを追加]というオプションを選択します。

### 自社開発したアプリケーションを追加するオプション

　表示されるウィザードの中で、自社開発したアプリケーションの種類（Webアプリケーション、ネイティブアプリケーション）、サインイン後の送信先URL、アプリケーションを識別するURIなどを入力し、自社開発したアプリケーションの詳細情報をAzure ADに登録します。

> **参照**
>
> Azure ADに追加する自社開発アプリケーションの詳細は、次のサイトを参照してください。
>
> 「Azure Active Directoryとアプリケーションの統合」
> https://azure.microsoft.com/ja-jp/documentation/articles/active-directory-integrating-applications/
>
> 「Azure Active Directory開発者ガイド」
> https://azure.microsoft.com/ja-jp/documentation/articles/active-directory-developers-guide/

［ネットワーク外部からアクセスできるアプリケーションを発行します］という、3つ目の追加オプションは、Azure ADのアプリケーションプロキシ機能を構成する際に使用します。

**Azure ADアプリケーションプロキシ機能の構成で使用するオプション**

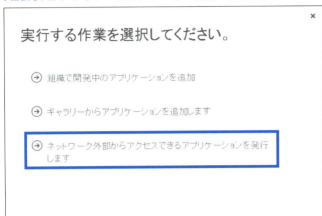

Azure ADのアプリケーションプロキシの詳細は、本章の7節で解説します。

## 手順2：シングルサインオンの構成

　Azure ADディレクトリにアプリケーションを追加すると、追加したアプリケーションのクイックスタートページが表示されます。次の図は、Facebookアプリケーションのクイックスタートページです。

**クイックスタートページ**

手順2では、画面の指示に従って、SSOを構成します。
SSOの構成には、大きく分けて次の2つの種類があります。

・パスワードシングルサインオン
・フェデレーションベースのシングルサインオン

そして、フェデレーションベースのシングルサインオンには、次の2つの種類があります。

・**Azure ADのシングルサインオン**
　Azure ADが標準で提供しているフェデレーション機能を使用する方法
・**既存のシングルサインオン**
　既存のフェデレーションサーバーを使用する方法

どのSSO構成を使用できるかは、追加したアプリケーションの種類によって異なります。それでは、それぞれのSSO構成の特徴を見ていきましょう。

### パスワードシングルサインオン

　パスワードSSOは、ユーザーがアクセスするアプリケーションのユーザーアカウント名とパスワードを、あらかじめAzure ADディレクトリに保存しておく、という比較的容易な方法です。これは、OneDrive、Facebook、Google Mail（Gmail）、TwitterなHTMLフォームベースのサインインページを持つ、シンプルなアプリケーションに対して構成できます。

　個人で使用するアプリケーションの場合、ユーザー本人が、初回アクセス時に自分のユーザー名とパスワードを登録します。複数人で共有するアプリケーションの場合は、管理者が事前にユーザー名とパスワードを登録することもできます。登録したユーザー名とパスワードは、Azure ADディレクトリ内に、暗号化された状態で安全に格納されます。

　Azure ADに認証されたユーザーがアクセスパネルからアプリケーションにアクセスしようとすると、そのユーザーと対応付けられている、Azure ADディレクトリ内に格納されているユーザー名とパスワードが、自動的にHTTPSでアプリケーションに渡され、資格情報が確認された後に、アプリケーションの使用が開始されます。これには、WebブラウザーにAccess Panel Extensionというアドオンをインストールし、有効化する必要があります。

**パスワードSSO**

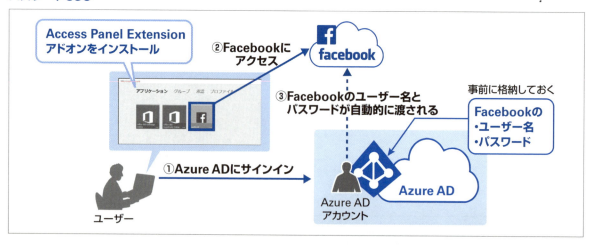

## コラム　パスワードSSOとフェデレーションSSO

　パスワードSSOは、それぞれのアプリケーションの資格情報を、ユーザーと対応付けてAzure ADディレクトリに保存する方法なので、「1つの資格情報で多数のアプリケーションにアクセスする」という、本来のSSOの姿ではありません。

**それぞれのアプリケーションの資格情報を使用するパスワードSSO**

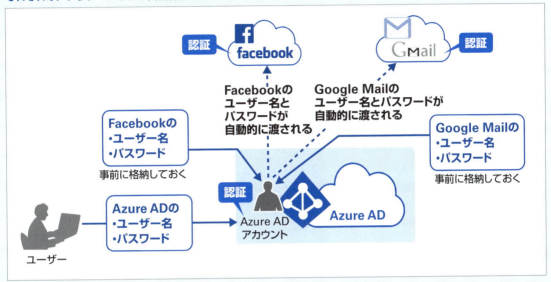

　1つの資格情報だけを使用する本来のSSOを構成したい場合は、次に登場する「フェデレーション」というサービスを使用します。Azure ADのフェデレーションサービスを使用すると、ユーザーは1つの資格情報だけを使用して、多数のアプリケーションにアクセスできます。その際、認証はAzure ADディレクトリで1回しか行われません。ユーザーがアクセスする多数のアプリケーションは、認証されたユーザーに対するアクセス許可の確認だけ行います（認可）。

**1つの資格情報だけ使用するフェデレーションSSO**

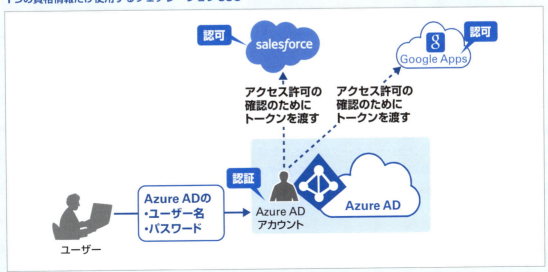

「フェデレーション」サービスは、Azure ADディレクトリの標準機能として提供されているほか、オンプレミスに展開するWindows ServerのActive Directoryフェデレーションサービス（AD FSサーバー）で実装することもできます。

「フェデレーション」サービスの概念、基本用語、AD FSサーバーの構成手順、Office 365とのSSO構成の詳細は、本書と同シリーズの書籍「ひと目でわかる AD FS 2.0&Office 365連携」を参照してください。

http://ec.nikkeibp.co.jp/item/books/P94720.html

### Azure ADのシングルサインオン（フェデレーションベース）

Azure AD SSOは、Azure ADディレクトリのフェデレーション機能を使用します。Azure AD SSOは、Salesforce、Google Apps、Dropbox Businessなど、SAML 2.0、WS-Federation、OpenID Connectなどの認証プロトコルをサポートしているアプリケーションに対して構成できます。

これは、パスワードベースのSSOのように、事前にユーザーのアカウント名とパスワードをAzure ADディレクトリに保存するようなことはしません。Azure ADに認証されたユーザーがアクセスパネルからアプリケーションにアクセスしようとすると、その認証要求がAzure ADディレクトリにリダイレクトされます。そして、Azure ADディレクトリによって生成されたトークンがアプリケーションに渡され、認可が行われます。そのユーザーへのアクセスが許可されていれば、アプリケーションの使用が開始されます。

#### Azure ADフェデレーションベースのSSO

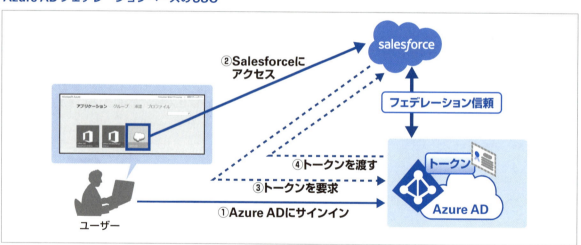

Azure AD SSOを行うには、Azure ADとSaaSアプリケーションとの間に信頼関係（フェデレーション信頼）が必要です。これは、AzureのクラシックポータルでSSOを構成する際に、自動的に作成されます。

フェデレーションベースのSSOは、パスワードSSOと異なり、ユーザーのパスワードがアプリケーションの外に保存されることはありません。

> **参照**
>
> Azure AD SSOをサポートしているアプリケーション統合手順書は、次のサイトに公開されています。Azure AD SSOは少し複雑な構成になりますが、既に約200種類ものアプリケーションの手順書が公開されていて、その手順書どおりに操作すれば問題なく構成できます。ぜひ、参照してみてください！
>
> 「SaaSアプリとAzure Active Directoryを統合する方法に関するチュートリアルの一覧」
> https://azure.microsoft.com/ja-jp/documentation/articles/active-directory-saas-tutorial-list/

### 既存のシングルサインオン（フェデレーションベース）

　既存のSSOは、既に、AD FSなどのフェデレーションサービスを構成しているアプリケーションがある場合に、選択する方法です。

　以上、アプリケーション統合には、3つのSSOの構成方法が用意されています。SSOを構成したら、次は、手順3で、ユーザーにアクセス許可を割り当てます。その際、アプリケーションの種類によって、接続先アプリケーション側にアカウントを作成するタイプもあります。接続先アプリケーション側にアカウントを作成することを、「プロビジョニング」と呼びます。

## 手順3：アクセス許可の割り当てとアカウントプロビジョニング

### アクセス許可の割り当て

　Azure ADにアプリケーションを追加し、SSOを構成したら、次は、ユーザーにアプリケーションのアクセス許可を割り当てます。

#### アクセス許可の割り当て

　アクセス許可の割り当ても、Azureのクラシックポータルを使用します。それぞれのアプリケーションの管理ツールを使用するわけではありません。つまり、アプリケーションのアクセス許可も、Azureのクラシックポータルで一元管理できます。

次の図は、Azure ADディレクトリに追加したFacebookアプリケーションのクイックスタートページで、アカウントの割り当てを構成している画面です。

**アクセス許可の割り当て (アカウントの割り当て)**

　アクセス許可は、ユーザーに直接割り当てることも、グループを使用して間接的に割り当てることもできます。メンテナンスを考慮した場合、グループに割り当てることをお勧めします。グループにアクセス許可を割り当てると、自動的にそのグループのメンバーにアクセス許可が割り当てられ、ユーザーがそのグループのメンバーから外れると、自動的にアプリケーションのアクセス許可の割り当ても外れます。

> グループを使用するアプリケーションのアクセス許可の割り当ては、Azure ADディレクトリのBasicおよびPremiumエディションの機能です。Azure ADディレクトリのFreeエディションの場合は、ユーザーへの直接割り当てしかできません。Azure ADディレクトリのPremiumエディションであれば、動的なグループによるアクセス許可の割り当てもできます。

**注意**
現在、アプリケーションに対するグループベースのアクセス許可の割り当てで、入れ子になったグループメンバーシップは使用できません。

## アカウントのプロビジョニングとアカウントの割り当て

　ところで、次の図は、Azure ADディレクトリに追加したSalesforceアプリケーションのクイックスタートページの画面です。ここには、[アカウントの割り当て] と合わせて、[アカウントプロビジョニングの構成] という手順が示されています。

### アカウントプロビジョニングの構成とアカウントの割り当て

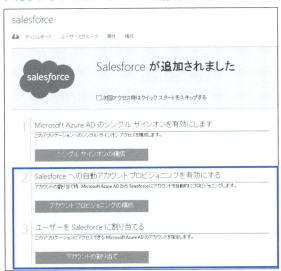

　プロビジョニングとは、アプリケーションのアクセスが許可されているアカウントを、接続先アプリケーション側に作成することです。アクセス制御にプロビジョニングアカウントが必要かどうかは、アプリケーションの種類によって異なります。SalesforceやGoogle Appsなどは、アカウントのプロビジョニングが必要なタイプのアプリケーションです。

### アカウントのプロビジョニング

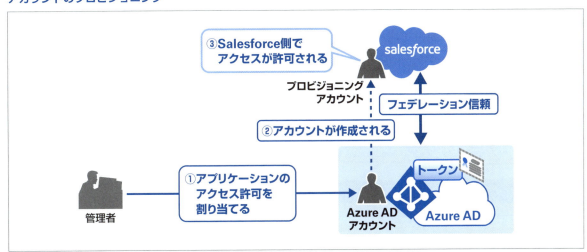

　プロビジョニングは、手動で行うこともできますが、一部のアプリケーションでは自動化がサポートされています。
　自動プロビジョニングを有効にすると、Azureのクラシックポータルからユーザーにアクセス許可を割り当てることで、自動的に接続先アプリケーション側にアカウントが作成され、アプリケーション側でアクセスが許可されます。そして、Azureのクラシックポータルでユーザーからアクセス許可を外すことで、接続先アプリケーション側のアカウントが自動的に無効状態になります。アプリケーション側のアカウントが無効化されることを、プロビジョニング解除と呼びます。

自動プロビジョニングを有効にしている場合、Azure ADディレクトリは、5〜10分ごとに変更を確認します。次のアプリケーションは、自動プロビジョニングをサポートしています。

- ・Box
- ・Citrix GoToMeeting
- ・Concur
- ・DocuSign

- ・Dropbox Business
- ・Google Apps
- ・Jive
- ・Salesforce

- ・Salesforce Sandbox
- ・ServiceNow
- ・Workday（受信のプロビジョニング）

---

### ここまでのまとめ

アプリケーション統合の構成には、追加するアプリケーションの種類によって、2つのパターンがあります。1つは、アカウントプロビジョニングを必要としない、2つのタスクを実行するパターン。もう1つが、アカウントプロビジョニングを必要とする、3つのタスクを実行するパターンです。

#### ●パターン1：2つのタスク

OneDrive、Facebook、Google Mail（Gmail）、Twitterなどは、Azure ADディレクトリにアプリケーションを追加した後のクイックスタートページに、［シングルサインオンの構成］、［アカウントの割り当て］という、2つのタスクだけが表示されます。これらは、既定でパスワードSSOが有効化されていて、事前にユーザーの資格情報をAzure ADディレクトリに保存し、接続先アプリケーション側にプロビジョニングアカウントを必要としない、とてもシンプルなアプリケーションです。

#### 2つのタスクのクイックスタートページ

---

**参照**

本章の3節で、Facebookを例に、具体的な構成手順を説明します。

●パターン2：3つのタスク

Salesforce、Google Apps、Dropbox Businessなどは、アカウントプロビジョニングが必要なアプリケーションです。Azure ADディレクトリにアプリケーションを追加した後のクイックスタートページには、［シングルサインオンの構成］、［アカウントプロビジョニングの構成］、［アカウントの割り当て］という、3つのタスクが表示されます。

1 Microsoft Azure AD のシングル サインオンを有効にします
このアプリケーションへのシングル サインオン アクセスを構成します。

シングル サインオンの構成

2 Google Apps への自動アカウント プロビジョニングを有効にする
アカウントの割り当て時、Microsoft Azure AD から Google Appsにアカウントを自動的にプロビジョニングします。

アカウント プロビジョニングの構成

3 ユーザーを Google Apps に割り当てる
このアプリケーションにアクセスできる Microsoft Azure AD のアカウントを指定します。

アカウントの割り当て

**参照**

本章の4節で、Salesforce を例に、具体的な構成手順を説明します。

どちらのパターンになるかは、追加するアプリケーションの種類によって異なります。

アプリケーション統合は、表示されるクイックスタートページの手順に従って構成してください。それでは、それぞれのパターンの具体的な構成手順を見ていきましょう。

# 3 構成例1：Facebookとの統合（パスワードSSO）

　ここでは、広報活動の1つとしてFacebookを使用できるように、Azure ADディレクトリにFacebookアプリケーションを追加し、既定のパスワードSSOの構成を使用して、広報グループのユーザーにアクセス許可を割り当てます。広報グループのメンバーは、OnlineUser3とOnlineUser4です。
　手順は、次のとおりです。

## 手順1：FacebookをAzure ADディレクトリに追加

① 管理者として、Azureのクラシックポータルにアクセスする。
② 左側の［ACTIVE DIRECTORY］、［既定のディレクトリ］の順にクリックし、［アプリケーション］タブをクリックする。
③ 画面下部に表示される［追加］をクリックする。
④ ［ギャラリーからアプリケーションを追加します］オプションをクリックする。
⑤ ［組織で使用するアプリケーションを追加］画面で、［Facebook］を検索して選択する。
⑥ ［表示名］を入力する。
　ここで入力する表示名は、Azureのクラシックポータルのアプリケーション一覧と、ユーザーのアクセスパネルに表示される名前である。ここでは、「Facebook」と入力している。
⑦ ［✔］をクリックする。

**ギャラリーからFacebookアプリケーションを追加**

⑧Facebookアプリケーションのクイックスタートページが表示される。

### Facebookアプリケーションのクイックスタートページ

## 手順2：Facebookのシングルサインオンの構成（既定で構成済み）

①Facebookアプリケーションのクイックスタートページで、[シングルサインオンの構成]をクリックする。
②既定で、[パスワードシングルサインオン]が選択されていることを確認する。
③[✔]をクリックする。

### パスワードシングルサインオン（既定）

## 手順3:Facebookへのアクセス許可の割り当て

① Facebookアプリケーションのクイックスタートページで、[アカウントの割り当て] をクリックする。
② [ユーザーとグループ] タブで、[グループ] を選択する。
③ 右側の [✔] をクリックして、グループの一覧を表示する。
④ [広報グループ] を選択する。
⑤ [割り当て] をクリックする。

**広報グループのメンバーに割り当て**

⑥ 表示されるメッセージを確認し、[✔] をクリックする。
　ここでは、ユーザー本人に自分の資格情報を入力させたいので、チェックボックスをオフのままにしている。

**資格情報の入力方法を指定**

⑦Facebookアプリケーションの［ユーザーとグループ］タブで、［すべてのユーザー］を選択する。
⑧右側の［✔］をクリックして、ユーザーの一覧を表示する。
⑨広報グループのメンバーであるOnlineUser3とOnlineUser4に対して、広報グループに付与したアクセス許可が継承されていることを確認する。

### OnlineUser3とOnlineUser4アクセス許可が付与されている

> **参照**
> Azure ADディレクトリへのFacebookの資格情報の保存、ユーザーからのFacebookアプリケーションへのアクセスは、本章の5節で解説します。

ここでは、Facebookを例に取り上げましたが、OneDrive、Google Mail（Gmail）、Twitterなども同様の操作で、Azure ADにアプリケーションを追加し、SSOアクセスを構成できます。

# 4 構成例2：Salesforceとの統合 （Azure AD フェデレーション SSO）

　ここでは、営業グループのメンバーが、営業活動の1つとしてSalesforceを使用できるように、Azure ADディレクトリにSalesforceアプリケーションを追加し、Azure ADフェデレーションによるSSOアクセスを構成し、営業グループのユーザーにアクセス許可を割り当てます。営業グループのメンバーは、OnlineUser1とOnlineUser2です。Salesforceは、フェデレーション信頼を構成し、アカウントプロビジョニングを必要とするタイプのアプリケーションです。

　手順は、次のとおりです。

　この手順は、AzureのクラシックポータルとSalesforceの管理ツールの両方を使用します。したがって、Salesforceの管理者アカウントの用意が必要です。

## コラム　Salesforceの無料アカウントのサインアップと構成

　Salesforceの試用アカウントは、フェデレーションの設定に必要な、アカウントの自動プロビジョニングを構成できません。しかし、無料の開発者アカウント（Developer Edition）であれば、自動プロビジョニングを構成できます。正式に購入したSalesforceのアカウントがない場合は、無料の開発者アカウント（Developer Edition）を取得して、Salesforceアプリケーション統合を試してみてください。

　無料の開発者アカウント（Developer Edition）を取得するには、Webブラウザーから、https://developer.salesforce.com/signupにアクセスします。必要な情報をすべて入力し、［サインアップ］をクリックします。このとき、［メール］には、サインアップ完了

**無料の開発者アカウントのサインアップ**

メールを受信できる電子メールアドレスを入力してください。[ユーザー名]には、ワールドワイドでユニークな名前を入力してください。

ここでは、「admin@abc777corp.top」という管理者アカウントを設定しました。入力した電子メールアドレスにサインアップ完了メールが届いたら、ログインのリンクをクリックして、パスワードを設定します。Salesforceに管理者としてログインできることを確認し、[設定]画面を表示します。

### Salesforceの[設定]画面

次に、Azure ADとのSSOの構成で使用する、カスタムドメインを構成します。Salesforceの[設定]画面で、左側の[管理]ナビゲーションサイドバーの[ドメイン管理]の[私のドメイン]をクリックし、その組織で使用するドメイン名を入力してください。[使用可能か調べる]をクリックし、使用可能であれば、契約条件に同意して、[ドメインの登録]をクリックします。

### 「私のドメイン」を設定

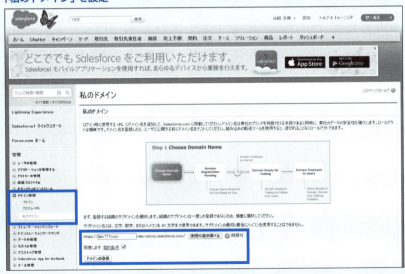

ここでは、「abc777corp-dev-ed.my.salesforce.com」というドメインを登録しました。この後、このドメインに対して、シングルサインオンを構成します。ドメインを登録したら、画面を更新します。登録したドメイン名がテスト可能な状態になったら、[こちらをクリックしてログインしてください]をクリックします。テストが終わったら、[ユーザーにリリース]をクリックし、[OK]をクリックします。

### 登録したドメインへのログインのテストとリリース

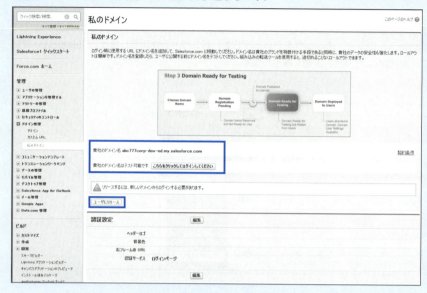

これにより、ドメイン名が有効になり、新しいドメインアドレスのページにすべてのユーザがリダイレクトされるようになります。通常のログインURL（https://login.salesforce.com/）にアクセスしても、登録したドメインのログインURL（ここでは、https://abc777corp-dev-ed.my.salesforce.com）にアクセスしても、管理者としてログインできることを確認してください。ログインに成功すると、登録したドメインアドレスのページにリダイレクトされます。

### ドメインアドレスのページにリダイレクト

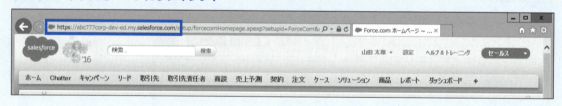

## 手順1：SalesforceをAzure ADディレクトリに追加

① Azure ADの管理者として、Azureのクラシックポータルにアクセスする。
② 左側の［ACTIVE DIRECTORY］、［既定のディレクトリ］の順にクリックし、［アプリケーション］タブをクリックする。
③ 画面下部に表示される［追加］をクリックする。
④ ［ギャラリーからアプリケーションを追加します］をクリックする。
⑤ ［組織で使用するアプリケーションを追加］画面で、Salesforceを検索して、［Salesforce］を選択する。
⑥ ［✔］をクリックする。

## ギャラリーからSalesforceアプリケーションを追加

⑦ Salesforceアプリケーションのクイックスタートページが表示される。

## Salesforceアプリケーションのクイックスタートページ

## 手順2：Salesforceのシングルサインオンの構成

① Salesforceアプリケーションのクイックスタートページで、[シングルサインオンの構成]をクリックする。
② [Microsoft Azure ADのシングルサインオン]を選択する。
③ [→]をクリックする。

### Microsoft Azure ADのシングルサインオン

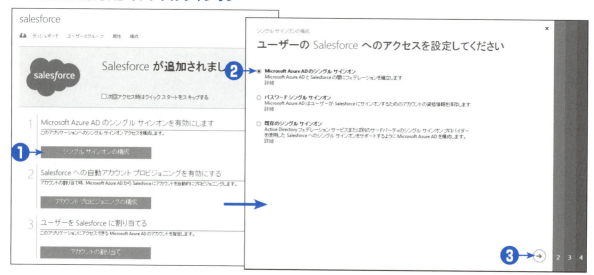

④ [アプリケーション設定の構成]画面で、[サインオンURL]を入力する。
　サインオンURLには、前述のコラム「Salesforceの無料アカウントのサインアップと構成」で設定した「私のドメイン」のログインURLを入力する。ここでは、「https://abc777corp-dev-ed.my.salesforce.com/」と入力している。

> [サインオンURL]には、次の形式でSalesforceドメインのURLを入力します。
> ・エンタープライズアカウント
> 　https://＜domain＞.my.salesforce.com
> ・開発者アカウント
> 　https://＜domain＞-dev-ed.my.salesforce.com

⑤ [→]をクリックする。

### サインオンURLの入力

⑥ [Salesforceでのシングルサインオンの構成] ページが表示される。
　この後の手順でSalesforceにアップロードする証明書を、ローカルPCにダウンロードして準備する。
⑦ [証明書のダウンロード] をクリックする。
⑧ [ファイルを保存する] を選択する。
⑨ [OK] をクリックする。
　既定で、ローカルPCの [ダウンロード] フォルダーに、「Salesforce.com.cer」という名前の証明書ファイルが保存される。

### 証明書ファイルのダウンロード

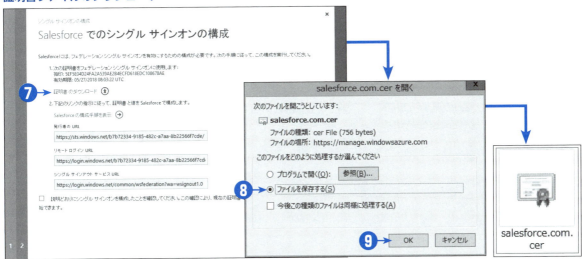

ここでダウンロードした証明書ファイルと、この画面の下半分の情報は、Azure ADディレクトリとSalesforce間のフェデレーション信頼を構成するために必要な情報です。この後の操作で使用します。

### フェデレーション信頼の構成で使用する情報

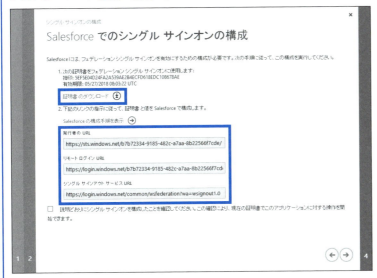

これ以降は、Azureのクラシックポータルと Salesforceの管理ツール（設定画面）の両方に、それぞれの管理者としてサインインして、2つの管理ツールを切り替えながら操作していきます。

⑩ Webブラウザーでタブを追加し、Salesforce（https://login.salesforce.com/）にアクセスし、Salesforceの無料開発者アカウントでログオンする。
⑪ Salesforceの［設定］画面の［管理］ナビゲーションサイドバーで、［セキュリティのコントロール］の［シングルサインオン設定］をクリックする。
⑫ ［シングルサインオン設定］ページで、［編集］をクリックする。
⑬ ［SAMLを有効化］チェックボックスをオンにする。
⑭ ［保存］をクリックする。

### シングルサインオン設定でSAMLを有効化

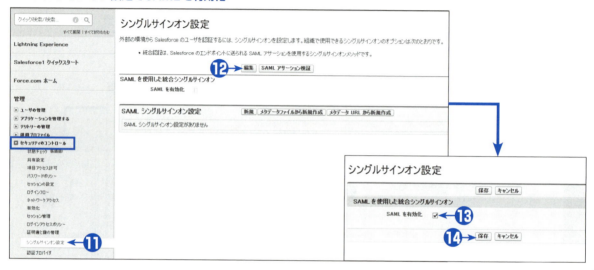

⑮ ［シングルサインオン設定］ページの［SAMLシングルサインオン設定］の［新規］をクリックする。
⑯ ［SAMLシングルサインオン設定］ページが表示される。

## SAMLシングルサインオン設定ページの表示

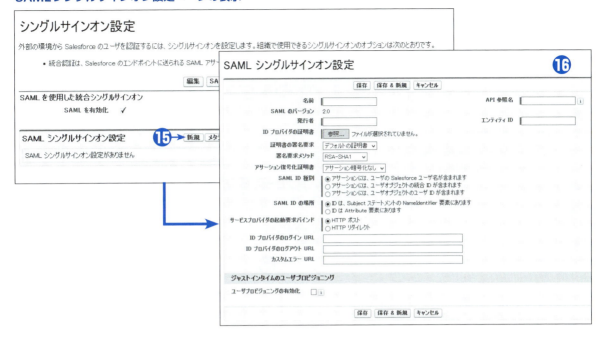

⑰ 次の指示に従って、シングルサインオンの構成に必要な情報をすべて入力する。

- [名前] ............................ この構成の表示名を入力する。ここで入力した名前が、左側の[API参照名]ボックスに自動的に入力される。ここでは、「AzureSSO」と入力している。この名前が、手順㉑の図で使用される。
- [発行者] ........................ Azureのクラシックポータルに表示されている[発行者のURL]の値を、コピーアンドペーストで入力する。
- [IDプロバイダの証明書] ... 事前に[ダウンロード]フォルダーに保存した、「Salesforce.com.cer」証明書ファイルを選択する。
- [SAML ID 種別] ............. [アサーションには、ユーザのSalesforceユーザ名が含まれます]を選択する(既定)。
- [SAML IDの場所] ........... [IDは、SubjectステートメントのNameIdentifier要素にあります]を選択する(既定)。
- [サービスプロバイダの
  起動要求バインド] .......... [HTTPリダイレクト]を選択する。
- [IDプロバイダの
  ログインURL] ................ Azureのクラシックポータルに表示されている[リモートログインURL]の値をコピーアンドペーストで入力する。
- [エンティティID] ............ 前述のコラム「Salesforceの無料アカウントのサインアップと構成」で設定した、「私のドメイン」のログインURLを入力する。ここでは、「https://abc777corp-dev-ed.my.salesforce.com/」と入力している。

## Azure ADディレクトリからSalesforceへのシングルサインオンに必要な構成情報を入力

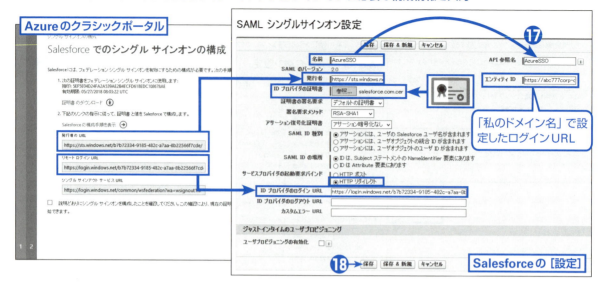

⑱ 入力が終わったら、［保存］をクリックする。
⑲ Salesforceの［設定］画面の［管理］ナビゲーションサイドバーで、［ドメイン管理］の［私のドメイン］をクリックする。
⑳ ［認証設定］の［ログインページ］の［編集］をクリックする。
㉑ ［認証サービス］の設定を、［ログインページ］から［AzureSSO］に変更する。
ここで表示されている「AzureSSO」は、手順⑰の［SAMLシングルサインオン設定］ページで入力した「名前」であり、「API参照名」である。この設定によって、指定したドメインに対するシングルサインオンの構成が有効になる。
㉒ ［保存］をクリックする。

## ドメインに対するSSO構成の有効化

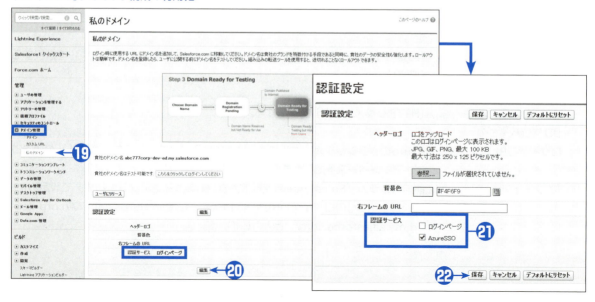

㉓Azureのクラシックポータルに切り替える。
㉔Salesforceにアップロードした証明書を有効化するため、[Salesforceでのシングルサインオンの構成]ページの一番下のチェックボックスをオンにする。
㉕[→]をクリックする。

### Salesforceにアップロードした証明書の有効化

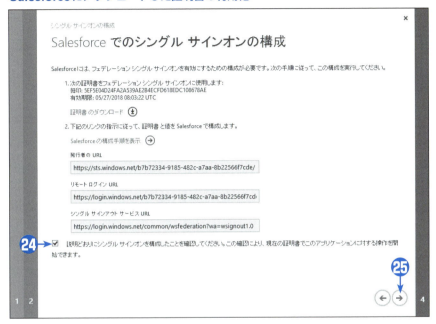

㉖シングルサインオンが正常に構成されたら、[✔]をクリックする。

### シングルサインオンの構成が完了

## 手順3：Salesforceへの自動ユーザープロビジョニングの有効化

① Azureのクラシックポータルの Salesforce アプリケーションのクイックスタートページで、［アカウントプロビジョニングの構成］をクリックする。
② Salesforce の管理者のユーザー名とパスワードを入力する。

### アカウントプロビジョニングの構成

［ユーザーセキュリティトークン］に入力する値は、次の操作で、Salesforce の管理ツールと電子メールを使用して取得する。

③ Salesforce の画面に切り替える。
④ ページ右上に表示される、現在ログオンしている管理者の名前（ユーザーメニュー）をクリックし、［私の設定］をクリックする。
⑤ 左側の［私の設定］ナビゲーションサイドバーで、［個人用］の［私のセキュリティトークンのリセット］をクリックする。
⑥ ［私のセキュリティトークンのリセット］ページで、［セキュリティトークンのリセット］をクリックする。

## セキュリティトークンのリセット

⑦ 新しいセキュリティトークンが、管理者の電子メールアドレスに送信される。

## 新しいセキュリティトークンを送信

⑧ 管理者のメールボックスを確認し、受信したセキュリティトークンを、Azureのクラシックポータルの［設定と管理者資格情報］ページの［ユーザーセキュリティトークン］に、コピーアンドペーストして入力する。
⑨［→］をクリックする。

### ユーザーセキュリティトークンの入力

⑩［接続のテスト］ページで、［テスト開始］をクリックする。
⑪ 接続を確認できたら、［→］をクリックする。

### 接続のテスト

⑫ ［プロビジョニングのオプション］ページで、管理者の電子メールアドレスを確認する。
⑬ ［→］をクリックする。

### プロビジョニングのオプション設定

⑭ ［プロビジョニングの開始］ページで、［今すぐ自動プロビジョニングを開始する］チェックボックスをオンにする。
⑮ ［✔］をクリックする。

### プロビジョニングを開始

## 手順4：Salesforceへのアクセス許可の割り当て

Azureのクラシックポータルに切り替えます。

① Salesforceアプリケーションのクイックスタートページで、［アカウントの割り当て］をクリックする。
② ［ユーザーとグループ］タブで、［グループ］を選択する。
③ 右側の［✔］をクリックして、グループの一覧を表示する。
④ ［営業グループ］を選択する。
⑤ ［割り当て］をクリックする。

**営業グループのメンバーに割り当て**

⑥ 自動プロビジョニングを有効にしている場合、ユーザー作成に必要な、Salesforceプロファイルの種類を選択する画面が表示される。適切なプロファイルを選択する。
　ここでは、無料の開発者アカウント（Developer Edition）を使用しているため、［Chatter Free User］プロファイルを選択している。
⑦ ［✔］をクリックする。

## Salesforce プロファイルの選択

⑧ Salesforceアプリケーションの［ユーザーとグループ］タブで、［すべてのユーザー］を選択する。
⑨ 右側の［✔］をクリックして、ユーザーの一覧を表示する。
⑩ 営業グループのメンバーであるOnlineUser1とOnlineUser2に対して、営業グループに付与したアクセス許可が継承されていることを確認する。

## OnlineUser1とOnlineUser2にアクセス許可が付与されている

⑪ Salesforceの画面に切り替える。
⑫ ［設定］画面の［管理］ナビゲーションサイドバーで、［ユーザの管理］の［ユーザ］をクリックする。
⑬ OnlineUser1ユーザーとOnlineUser2ユーザーが、自動的に新規作成（プロビジョニング）されたことを確認する。

**Salesforce側にユーザーが自動的に追加された**

ここでは、Salesforceを例に取り上げましたが、Google Appsも同様の操作で、Azure ADにアプリケーションを追加し、SSOアクセスを構成できます。

## コラム　フェデレーション信頼の証明書の更新

　Azure ADとSalesforce間のフェデレーション信頼の構成で、証明書を使用します。この証明書は、既定で2年間の期限が設定されています。証明書の期限が近づいてきたら、期限が切れる前に証明書を更新してください。また、新たに証明書を発行する際、既定の期限を3年にすることもできます。
　フェデレーション信頼の証明書の更新は、次のように操作します。
　Azure ADディレクトリの［アプリケーション］タブで、Azure ADフェデレーションSSOを構成したアプリケーションをクリックし、クイックスタートページを表示します。［シングルサインオンの構成］をクリックし、ウィザード画面で、［Microsoft Azure ADのシングルサインオン］を選択して、［→］をクリックします。
　［アプリケーション設定の構成］ページで、［フェデレーションシングルサインオンに使用する証明書を構成します（オプション）］をオンにし、［→］をクリックします。
　［フェデレーションSSO証明書を構成します］ページで、［新しい証明書の生成］を選択します。このとき、プルダウンリストから証明書の期限を3年に変更できます。

第4章　アプリケーションの管理　143

## フェデレーション信頼の構成で使用する証明書の更新

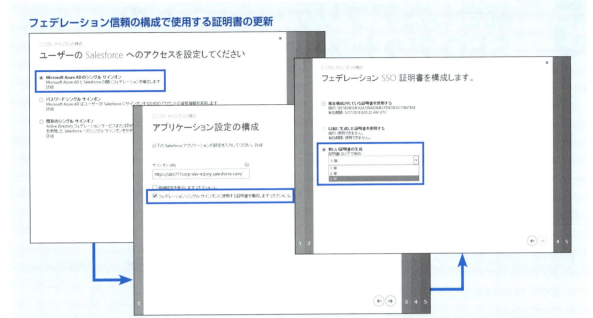

フェデレーション信頼の証明書管理の詳細は、次のサイトをご覧ください。

**「Azure Active Directory でのフェデレーションシングルサインオンの証明書の管理」**
https://azure.microsoft.com/ja-jp/documentation/articles/active-directory-sso-certs/

---

**ここまでのまとめ**

Azure ADディレクトリとアプリケーションを統合するには、Azure ADディレクトリにアプリケーションを追加し、SSOを構成し、ユーザーにアクセス許可を割り当てます。アプリケーションの種類によっては、アカウントプロビジョニングが必要です。

アプリケーションのアクセス許可を、動的にメンバーシップを構成するグループに割り当てると、全体的な管理の複雑さを軽減できます。たとえば、部署属性に「マーケティング」という値を持つユーザーを動的にメンバーとする、「マーケティンググループ」というグループに、Salesforceアプリケーションのアクセス許可を割り当てたとします。人事異動が発令され、ユーザーの部署属性を変更すると、グループのメンバーシップ情報が自動的に更新され、その情報に合わせてアプリケーションのアクセス許可が更新されます。

※動的にメンバーシップを構成するグループの詳細は、本書の「第3章　カスタムドメイン、ユーザー、グループの管理」の6節を参照してください。また、動的にメンバーシップを構成するグループを使用するアクセス許可の割り当ては、Azure ADディレクトリのPremiumエディションの機能です。

Azure ADディレクトリにアプリケーションを追加して統合環境を構成すると、アカウントの管理も、アクセス許可の管理も、認証も、アプリケーションごとに行う必要はありません。「アプリケーション管理」はすべて、Azureのクラシックポータルから1か所で集中して行えます！

---

それでは、Azure ADディレクトリに追加したFacebookアプリケーションとSalesforceアプリケーションに、ユーザーがアクセスする手順を見ていきましょう。ユーザーは、アクセスパネルを使用して、1クリックでそれぞれのアプリケーションにSSOでアクセスします。

# 5 統合したアプリケーションへのSSOアクセス（ユーザー操作）

　ユーザーは、アクセスパネル（https://myapps.microsoft.com/）を使用して、自分に許可が与えられているアプリケーションに、1クリックするだけでアクセスできます。
　ここでは、OnlineUser3ユーザーとOnlineUser1の順番でアクセスパネルにサインインして、Azure ADに追加したFacebookアプリケーションとSalesforceアプリケーションに、SSOアクセスできることを確認してみます。

> アクセスパネルへのアクセス時に連絡先情報の確認が求められた場合は、［今すぐ確認］をクリックし、自分が所有している携帯電話や、普段使用している電子メールアドレスを登録してください。

## OnlineUser3がFacebookアプリケーションにSSOアクセス

① Webブラウザーを起動し、アクセスパネル（https://myapps.microsoft.com/）にアクセスする。
　ここでは、OnlineUser3（OnlineUser3@abc777corp.top）としてサインインする。パスワードベースのSSOを構成しているFacebookにアクセスするには、Access Panel ExtensionというアドオンがWebブラウザーにインストールされ、有効になっている必要がある。
② 特定のソフトウェア（Access Panel Extension）のインストールのメッセージが表示されたら、［今すぐインストール］をクリックする。
　この操作は、ユーザーがアクセスパネルを使用して、Azure ADに追加したパスワードSSOアプリケーションに初回アクセスするとき、一度だけ行う。
③ ［実行］をクリックする。

### Access Panel Extensionのインストール

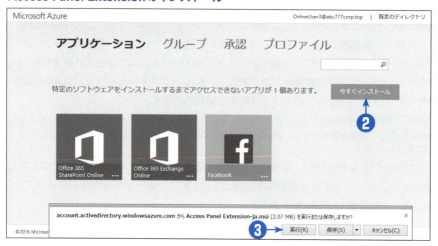

④ Access Panel Extensionのセットアップウィザードが起動されるので、［次へ］、［インストール］、［完了］の順にクリックする。

## Access Panel Extension セットアップウィザード

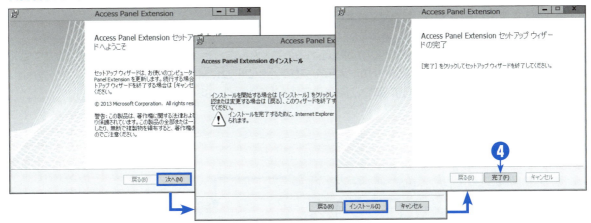

⑤ Access Panel Extensionのインストールが終わったら、Webブラウザーの画面下部に表示される、[有効にする] をクリックして、アドオンを有効化する。

### Access Panel Extension アドオンの有効化

画面下部に［有効にする］ボタンが表示されない場合は、Webブラウザーの設定画面を表示してください。ここでは、Internet Explorerの右上に表示される［ツール］から［インターネットオプション］メニューをクリックしています。

### インターネットオプション

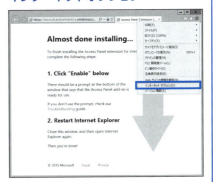

［プログラム］タブの［アドオンの管理］をクリックし、［Access Panel Extension］を選択し、[有効にする] をクリックします。［閉じる］、［OK］の順にクリックします。

### Access Panel Extension の有効化

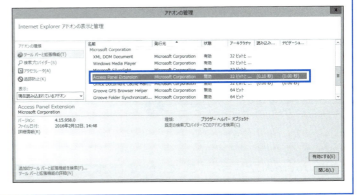

⑥ Access Panel Extensionを有効化したら、一度Webブラウザーを閉じる。
⑦ 再度Webブラウザーを起動し、アクセスパネルにサインインする。
⑧ アクセスパネルで、[Facebook] パネルをクリックする。
⑨ 初回起動時は、Facebookの資格情報入力が求められるので入力して、[サインイン] をクリックする。ここで入力した電子メールアドレスとパスワードが、Azure ADディレクトリに暗号化されて保存される。この操作は、1回だけ行う。2回目以降は、資格情報の入力を求められることはなく、SSOでアクセスできる。

●初回起動
**初回起動時に資格情報を保存**

●2回目以降の起動
**アクセスパネルからFacebookにSSOアクセス**

⑩ また、Azure ADと統合されていて、かつ、自分にアクセスが許可されているアプリケーションは、Office 365の「個人用アプリ」ページにも表示される。

**Office 365 から Facebook に SSO アクセス**

> **コラム** Access Panel Extension アドオンをサポートしている Web ブラウザー
>
> 現時点で、次の Web ブラウザーが Access Panel Extension アドオンをサポートしています。
>
> ・Internet Explorer 8、9、10、11（グループポリシーによる展開も可能）
> ・Chrome：Windows 7 以降、OS X 以降
> ・Firefox 26.0 以降：Windows XP SP2 以降、OS X 10.6 以降
>
> Access Panel Extension アドオンが Windows 10 の Edge でもサポートされれば、Edge も使用できるようになります。

## OnlineUser1 が Salesforce アプリケーションに SSO アクセス

Web ブラウザーを起動し、アクセスパネル（https://myapps.microsoft.com/）にアクセスします。ここでは、OnlineUser1（OnlineUser1@abc777corp.top）としてサインインします。アクセスパネルで［Salesforce］パネルをクリックするだけで、SSO で Salesforce にアクセスできます。

**SSO で Salesforce にアクセス**

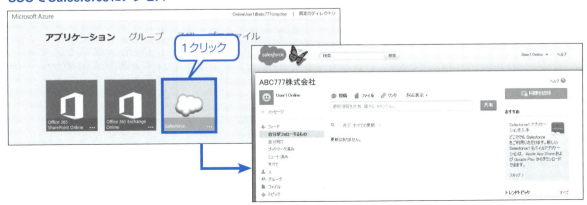

Salesforceに対しては、Azure ADフェデレーションによるSSOを構成しているので、資格情報の保存画面は表示されません。

## コラム　SaaSアプリケーションの使用状況の監視とレポート

Azure ADディレクトリには、レポート機能が用意されています。レポート機能を使用するには、Azureのクラシックポータルで、Azure ADディレクトリの［レポート］タブをクリックします。

### Azure ADディレクトリのレポート機能

レポート機能を使用すると、不正なサインイン、ユーザーのパスワードリセット、Azure ADと統合したアプリケーションの使用状況、アカウントプロビジョニング処理の状況、Azure AD B2Bコラボレーションの招待処理の状況などを確認できます。

レポート機能は、Azure ADディレクトリのFreeエディションでも使用できますが、Premiumエディションを使用することで、使用できるレポートの種類が増えます。

### FreeエディションとPremiumエディションのレポート

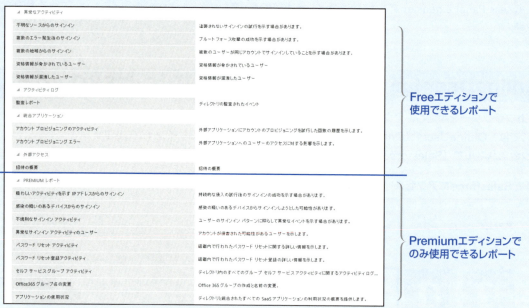

たとえば、Premiumレポートでは、ディレクトリと統合されたすべてのSaaSアプリケーションの使用状況のサマリーを確認できます。

**統合されたすべてのSaaSアプリケーションの使用状況レポート**

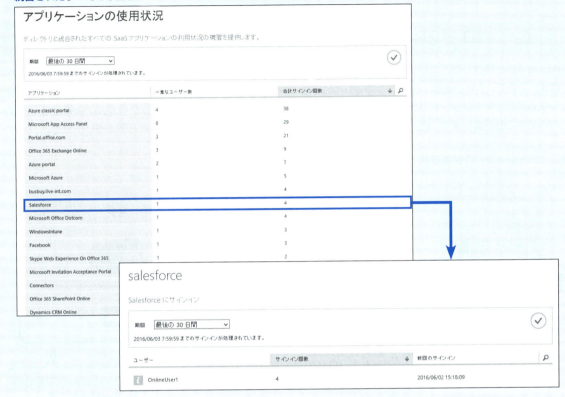

# 6 アプリケーションの企業間連携 （Azure AD B2Bコラボレーション）

## Azure AD B2Bコラボレーションとは

　Azure ADと統合したアプリケーションを、パートナー会社のユーザー（別組織のユーザー）と共有することもできます。これを、「Azure AD B2Bコラボレーション」と呼びます。Azure ADの企業間連携は、それぞれの組織のあらゆるアプリケーションやリソースを全面的に公開するわけではなく、特定のアプリケーションを特定のユーザーと共有することを指します。このとき、パートナー会社側がAzure ADを使用している必要はありません。

**アプリケーションの企業間連携（Azure ADのB2Bコラボレーション）**

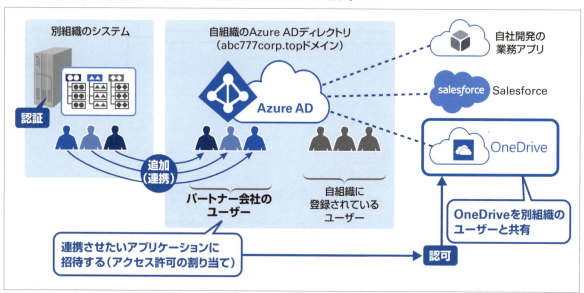

　「Azure AD B2Bコラボレーション」は、Azure ADのFreeエディションで使用できる機能です。「企業間連携」や「B2B」という言葉から、「構成が難しそう・・・」と連想してしまうかもしれませんが、決して難しい操作ではないので、試してみてください。

　次の図は、Azure ADディレクトリにユーザーを追加する画面です。Azure AD B2Bコラボレーションを構成するには、自組織のAzure ADディレクトリに、「パートナー会社のユーザー」という種類で、別組織のユーザーを追加します。このとき、追加する「パートナー会社のユーザー」の定義（電子メールアドレス、表示名など）を、CSVファイルで事前に作成しておきます。ユーザー追加時にこのファイルを指定することで、事前に定義したとおりの構成で1人以上の「パートナー会社のユーザー」を追加できます。

### パートナー会社のユーザーの追加

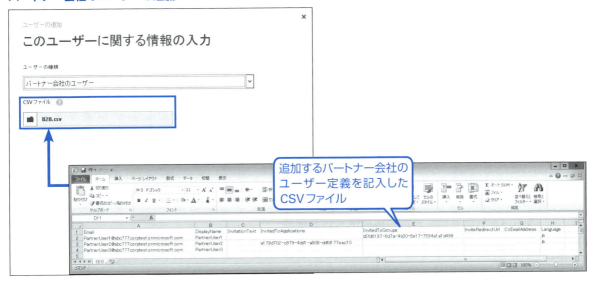

　「パートナー会社のユーザー」として追加したユーザーは、別組織のユーザーのショートカットのようなものであり、このユーザーの認証は、別組織のシステムによって行われます。

　一方、アプリケーションを公開している自組織のAzure ADディレクトリは、別組織で認証された「パートナー会社のユーザー」に対する認可を行います。そのため、自組織に追加した「パートナー会社のユーザー」に対して、企業間連携したいアプリケーションのアクセス許可を割り当てます。アクセス許可は、「パートナー会社のユーザー」に直接割り当てることも、「パートナー会社のユーザー」がメンバーとなるグループに割り当てることもできます。

> 別組織のユーザーにアクセス許可を割り当てたアプリケーションを「招待されたアプリケーション」、別組織のユーザーが参加できるグループを「招待されたグループ」と呼びます。どのユーザーに、どのアプリケーションを許可するか、どのグループへの参加を許可するかは、パートナー会社のユーザーを追加する際に指定する、CSVファイルの中に記述します。

> グループを使用するアクセス許可の割り当てには、Azure ADのBasicまたはPremiumエディションが必要です。

　また、別組織側でユーザーが退職してアカウントを削除しても、自組織に追加したパートナー会社のユーザーは削除されません（同期はされません）。しかし、別組織でユーザーを認証できなくなるため、結果として、アプリケーションへのアクセス許可が失われ、企業間連携ができなくなります。つまり、B2Bコラボレーションの場合も、アプリケーションのアクセス管理は、Azureのクラシックポータルで一元化されます。

## Azure AD B2Bコラボレーションの構成手順

　ここでは、1つの例として、別組織のユーザーとドキュメントを効率よく共有できるように、OneDriveを企業間で連携してみます。本書と同様に、OneDriveで検証する場合は、OneDriveのアカウントを準備し、OneDriveへのサインインを確認しておいてください。

　また、検証環境を構成しやすいように、ここでは、本書の第3章で、同一サブスクリプション内に作成した「テスト環境ディレクトリ」という名前のAzure ADディレクトリ（abc777corptest.onmicrosoft.comドメイン）を、別組織のディレクトリとして使用します。Azure ADの「既定のディレクトリ」を自組織の環境、「テスト環境ディレクトリ」を別組織の環境と見立てて、OneDriveアプリケーションのAzure AD B2Bコラボレーションを構成します。

> 実際は、パートナー会社側がAzure ADを使用している必要はありません。

### Azure AD B2Bコラボレーション検証のための準備

　このシナリオでAzure AD B2Bコラボレーションを検証できるように、次の準備を行います。

### 手順1：別組織のユーザーの準備

　「テスト環境ディレクトリ」（abc777corptest.onmicrosoft.comドメイン）の管理者として、Azureのクラシックポータルにサインインし、3つの組織内ユーザー（PartnerUser1、PartnerUser2、PartnerUser3）を新規に追加します。さらに、abc777corptest.onmicrosoft.comドメインの管理者としてOffice 365無料試用版をサインアップし、3つのユーザーにOffice 365ライセンスを割り当て、Office 365のメールボックスにサインインできることを確認しておきます（この後のアプリケーションの招待に、電子メールを使用します）。

**別組織のユーザーの準備**

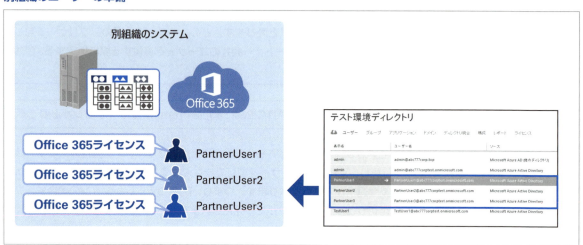

### 手順2：別組織のユーザーを招待するアプリケーションの準備

　ここでは、自組織の「既定のディレクトリ」に、OneDriveアプリケーションを追加します。OneDriveは、既定でパスワードSSOが構成されていて、スタートアップページに2つのタスクが表示されるタイプのシンプルなアプリケーションです。のちほど、このアプリケーションに別組織のユーザーを招待します。

#### 自組織にOneDriveアプリケーションを追加

### 手順3：別組織のユーザーを招待するグループの準備とアクセス許可の割り当て

　ここでは、自組織の「既定のディレクトリ」に、「別組織グループ」という名前のグループを追加します。

#### 自組織に「別組織グループ」を追加

　そして、OneDriveアプリケーションのスタートアップページで、［アカウントの割り当て］をクリックし、作成した「別組織グループ」にOneDriveのアクセス許可を割り当てます。ここでは、このタイミングで、OneDriveにサインインする電子メールアドレスとパスワードを、管理者が入力しています。

## 「別組織グループ」へのOneDriveアプリケーションのアクセス許可の割り当て

のちほど、この「別組織グループ」に別組織のユーザーを招待します。
ここまでが、Azure AD B2Bコラボレーション検証の準備作業です。

## Azure AD B2B コラボレーションの構成手順

OneDriveアプリケーションを使用して、Azure AD B2Bコラボレーションを構成してみましょう。
手順は、次のとおりです。

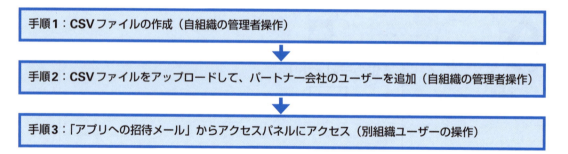

## 手順1：CSVファイルの作成（自組織の管理者操作）

「どのユーザーに、どのアプリケーションのアクセス許可を割り当てるか」の定義を、決まったフォーマットでCSVファイルに記入します。CSVファイルのヘッダー（1行目）に入力できる属性は、8つあります。その中で必須属性は、EmailとDisplayNameの2つです。ただし、実際には、別組織のユーザーを招待するアプリケーションのID（InvitedToApplications属性）や、別組織のユーザーを招待するグループのID（InvitedToGroups属性）も指定します。

招待するアプリケーションのIDは、Azure AD PowerShellモジュールのGet-MsolServicePrincipalコマンドレットのAppPrincipalIDの値で確認できます。招待するグループのIDは、Get-MsolGroupコマンドレットのObjectIDの値で確認できます。また、日本語の招待メールを送信する場合は、Languageに"ja"と指定します。

## Azure AD B2B コラボレーション CSV ファイルの属性

| 属性 | 説明 |
| --- | --- |
| Email（必須） | 招待されるユーザーの電子メールアドレス |
| DisplayName（必須） | 招待されるユーザーの表示名（通常は名前と姓） |
| InvitationText | 招待メールのテキストのカスタマイズ |
| InvitedToApplications | 組織外のユーザーを招待するアプリケーションのID |
| InvitedToGroups | 組織外のユーザーを招待するグループのID |
| InviteRedirectURL | 招待されたユーザーを誘導するURL |
| CcEmailAddress | 招待メールのCCに入れる電子メールアドレス |
| Language | 招待メールの言語。既定は"en"（英語） |

　ここでは、次のような構成で、自組織に「パートナー会社のユーザー」を3つ追加できるように、CSVファイルを作成します。

- PartnerUser1には、招待するグループ（別組織グループのInvitedToGroups属性）を指定して、間接的にOneDriveアプリケーションのアクセス許可を割り当てる
- PartnerUser2には、招待するアプリケーション（OneDriveのInvitedToApplications属性）を指定して、OneDriveアプリケーションのアクセス許可を直接割り当てる
- PartnerUser3には、招待するアプリケーションもグループも指定しない（2つの必須属性しか指定しない）

## パートナー会社のユーザーの定義（CSVファイル）

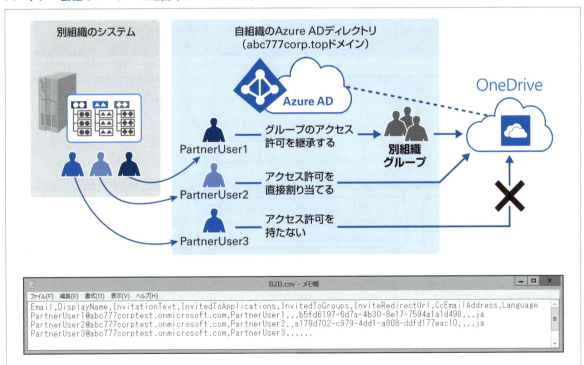

このファイルを、拡張子*.csvでローカルに保存します。

> **参照**
>
> Azure AD B2Bコラボレーションで使用するCSVファイルのフォーマットの詳細は、次のサイトを参照してください。
>
> 「**Azure AD B2Bコラボレーションプレビュー：CSVファイルの形式**」
> https://azure.microsoft.com/ja-jp/documentation/articles/active-directory-b2b-references-csv-file-format/

ここで作成したCSVファイルの内訳は、次のようになります。

**Email、DisplayName、InvitedToApplications、InvitedToGroups、Language属性を入力したCSVファイル**

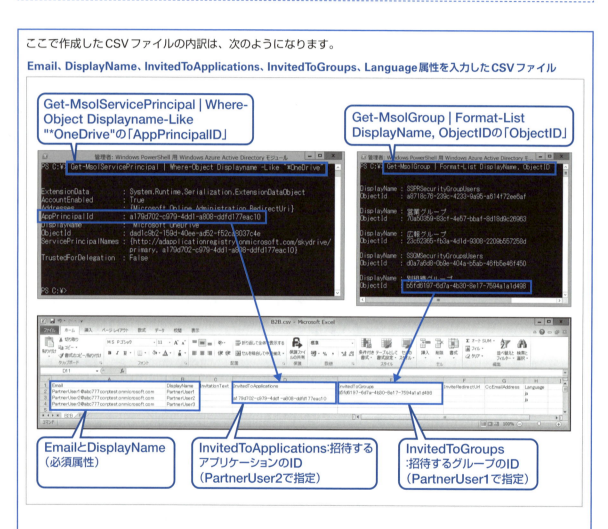

InvitedToGroups属性には、グループのObjectIDの値を設定します。InvitedToApplications属性には、アプリケーションのAppPrincipalIDの値を設定します（アプリケーションのObjectIDではありません）。気を付けて入力してください。

## 手順2：CSVファイルをアップロードして、パートナー会社のユーザーを追加（自組織の管理者操作）

① 管理者として、Azureのクラシックポータルにアクセスする。
② 左側の［ACTIVE DIRECTORY］、［既定のディレクトリ］の順にクリックし、［ユーザー］タブをクリックする。
③ 画面下部に表示される［追加］をクリックする。
④ ユーザーの種類で［パートナー会社のユーザー］を選択する。
⑤ ローカルに保存したCSVファイルを指定する。
⑥ ［✔］をクリックする。

### パートナー会社のユーザーの追加

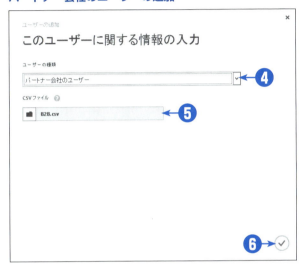

⑦ CSVファイルが正常に処理されたら、画面下部に表示される［ここをクリック…］をクリックし、Azure ADディレクトリのレポート機能を使用して、招待の処理結果を確認する。
⑧ 画面下部に表示される［最新の情報に更新］をクリックし、状態が「Invite ready to be accepted」になることを確認する。

### 招待の処理結果の確認（レポート）

⑨自組織の「既定のディレクトリ」に、「パートナー会社のユーザー」が3つ追加されたことを確認する。

**自組織のディレクトリに追加された「パートナー会社のユーザー」の確認**

⑩このうち、PartnerUser1は自動的に「別組織グループ」のメンバーとして追加される。

**「別組織グループ」のメンバーの確認**

⑪「既定のディレクトリ」の［アプリケーション］タブをクリックし、OneDriveの［アカウントの割り当て］をクリックして、アクセス許可を確認する。
　PartnerUser1は、「別組織グループ」からアクセス許可が継承されている。PartnerUser2は、アクセス許可が直接割り当てられている。PartnerUser3には、アクセス許可が割り当てられていない。

## アクセス許可の割り当ての確認

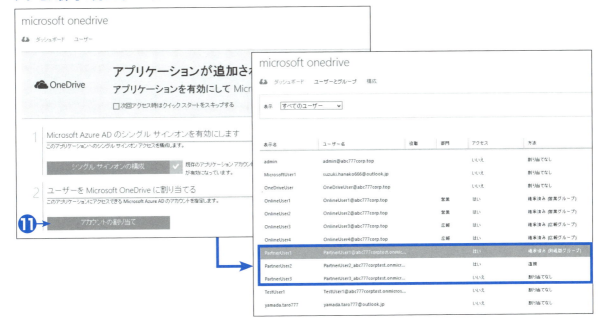

## 手順3:「アプリへの招待メール」からアクセスパネルにアクセス(別組織ユーザーの操作)

① Webブラウザーを起動し、別組織のユーザーとして、Office 365のポータル(https://portal.office.com/)にアクセスする。

ここでは、「テスト環境ディレクトリ」に追加したPartnerUser1(PartnerUser1@abc777corptest.onmicrosoft.com)として、サインインする。

② [メール]をクリックし、Outlook on the Webの受信トレイを開く。
③「既定のディレクトリのアプリへの招待」メールを受信したことを確認する。
④「既定のディレクトリのアプリへの招待」メールで、アプリケーションにアクセスするリンクをクリックする。

### 既定のディレクトリのアプリへの招待メール

⑤サインインを求めるメッセージが表示される。［次へ］をクリックする。

### サインイン

⑥アクセスパネルが表示される。自分に使用許可が割り当てられているOneDriveアプリケーションがパネル表示されていることを確認する。OneDriveのパネルをクリックすると、OneDriveにSSOでアクセスする。

### OneDriveへのSSOアクセス

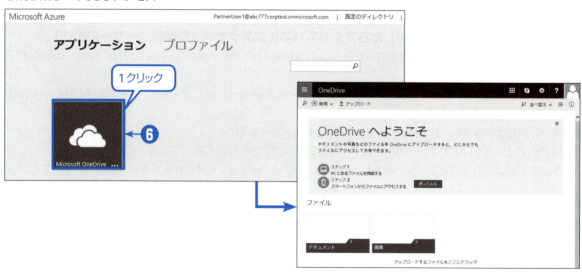

　ここまでは、パブリッククラウドのSaaSアプリケーションの管理について見てきました。最後に、オンプレミスのWebアプリケーションへの社外からのアクセスについて見ておきましょう

## コラム　Azure AD B2C（Azure AD Business to Consumer）

　Azure ADには、「B2C（Business to Consumer）」という機能があります。現在、パブリックプレビューで公開されています。この機能は、Azure ADディレクトリを作成する際に指定します。

### Azure AD B2Cの有効化

　Azure AD B2C用に作成したAzure ADディレクトリを使用すると、世界中のユーザーが日常で使用している、Facebook、Google+、LinkedIn、Amazon.comなどの、コンシューマー向けソーシャルメディアアカウントを使用して認証するアプリケーションを開発できます。つまり、組織やパートナー会社を対象とするアプリケーションではなく、世界中の何億人ものコンシューマーを対象とするアプリケーションを開発できる、ということです。

### Azure AD B2C

　Azure AD B2Cの詳細は、次のサイトを参照してください。

「**Azure Active Directory B2C**」
https://azure.microsoft.com/ja-jp/services/active-directory-b2c/

# 7 Azure ADアプリケーションプロキシ経由のオンプレミスアプリケーションへのアクセス

## Azure ADのアプリケーションプロキシとは

　Azure ADには、「アプリケーションプロキシ」という機能があります。これは、Azure ADが持っているリバースプロキシの機能です。Azure ADのアプリケーションプロキシを使用すると、社内に展開しているSharePointサイト、Exchange ServerのOutlook Web Access（OWA）、IISベースのアプリケーションなどに、ユーザーが社外から安全にアクセスできるようになります。

> アプリケーションプロキシは、Azure ADディレクトリのBasicおよびPremiumエディションの機能です。

### Azure ADのアプリケーションプロキシ

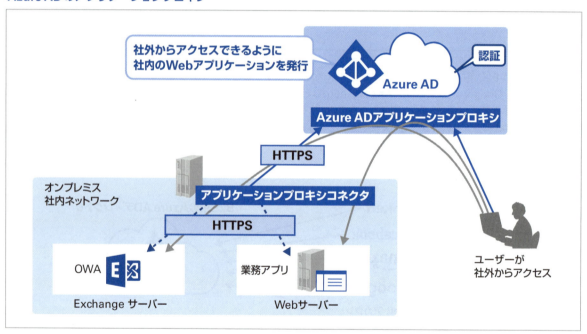

　Azure ADアプリケーションプロキシを使用するには、Azure AD側でアプリケーションプロキシ機能を有効化し、ネットワーク外部からアクセスできるアプリケーションとして、社内のWebアプリケーションを発行します。そして、社内ネットワークのWindowsサーバーに、「アプリケーションプロキシコネクタ（Microsoft AAD Application Proxy Connector）」という小さなWindowsサービスをインストールします。このコネクタが、社内ネットワークからAzure ADのアプリケーションプロキシサービスへの送信接続を維持し、社内アプリケーションと通信してくれます。

　社外にいるユーザーが社内ネットワークのWebアプリケーションにアクセスすると、Azure ADがユーザーを認証し、Azure ADのアプリケーションプロキシがコネクタとの接続を使用して、ユーザーにアプリケーションへのアクセスを提供します。

> Azure ADのアプリケーションプロキシコネクタは、Windows Server 2012 R2以降、またはWindows 8.1以降が実行されているPCにインストールできます。このPCは、Azure ADのアプリケーションプロキシサービス、および、社内のWebアプリケーションにHTTPSで接続できる必要があります。

> **参照**
> Azure ADのアプリケーションプロキシの前提条件は、次のサイトを参照してください。
>
> 「Azure ポータルでアプリケーションプロキシを有効にする」
> https://azure.microsoft.com/ja-jp/documentation/articles/active-directory-application-proxy-enable/

## Azure AD のアプリケーションプロキシの構成手順

　ここでは、既に社内ネットワークに展開されているIISサーバー（Webアプリケーション）が、営業グループのメンバー（OnlineUser1とOnlineUser2）の社外からのアクセスを安全に受けられるように、Azure ADのアプリケーションプロキシを構成していきます。社内ネットワークに展開したIISサーバーに、社内ネットワークのユーザーはhttp://websvr/ というURLでアクセスしています。

### 社内ネットワークに展開したIISサーバー（Webアプリケーション）

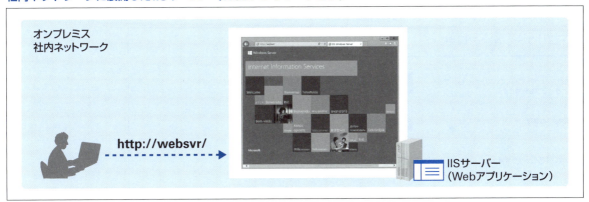

　このIISサーバー（Webアプリケーション）に社外から安全にアクセスできるように、Azure ADのアプリケーションプロキシを構成する手順は、次のとおりです。

手順1：**Azure AD のアプリケーションプロキシ機能の有効化**

手順2：**社内ネットワークのPCへの、アプリケーションプロキシコネクタのインストール**

手順3：**Azure AD でWebアプリケーションを発行**

手順4：**社外から社内Webアプリケーションへのアクセス（ユーザー操作）**

手順1から手順3の操作は、アプリケーションプロキシコネクタをインストールする、社内ネットワークのPCを使用してください。

## 手順1：Azure ADのアプリケーションプロキシの有効化
① 管理者として、Azureのクラシックポータルにアクセスする。
② 左側の［ACTIVE DIRECTORY］、［既定のディレクトリ］の順にクリックし、［構成］タブをクリックする。

### Azure ADディレクトリの［構成］タブ

③ 下にスクロールして、［アプリケーションプロキシ］項目を表示する。
④ ［このディレクトリに対してアプリケーションプロキシサービスを有効にする］を、［有効］に変更する（既定は無効）。
⑤ 画面下部に表示される［保存］をクリックする。

### アプリケーションプロキシサービスの有効化

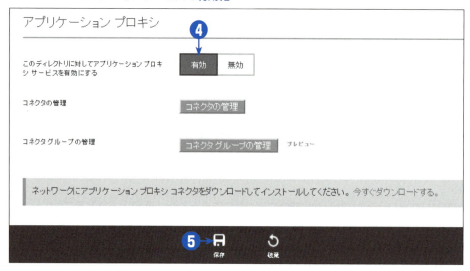

## 手順2：社内ネットワークのPCへの、アプリケーションプロキシコネクタのインストール
手順1の続きです。

① 構成情報が更新されたら、再び、［構成］タブで、［アプリケーションプロキシ］項目を表示する。
② ［今すぐダウンロードする］をクリックする。

### アプリケーションプロキシコネクタのダウンロード

③ [Azure AD Application Proxy Connector Download] 画面で、[I accept the license terms and privacy agreement] チェックボックスをオンにする。
④ [Download] をクリックし、アプリケーションプロキシコネクタのインストールファイルを [ダウンロード] フォルダーに保存する。

### アプリケーションプロキシコネクタのインストールファイルを保存

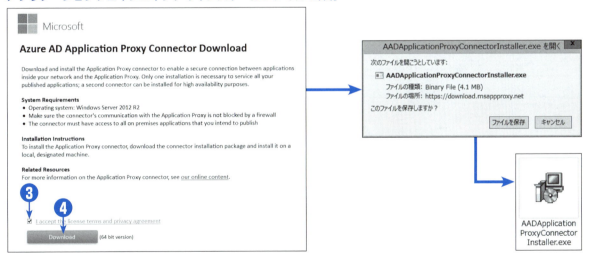

⑤ ダウンロードしたファイルをダブルクリックする。
⑥ [セキュリティの警告] が表示されたら、[実行] をクリックする。
⑦ Azure ADアプリケーションプロキシコネクタのセットアップウィザードが起動する。
⑧ [I agree to the license terms and conditions] チェックボックスをオンにする。
⑨ [Install] をクリックする。
⑩ Azure ADディレクトリの管理者ユーザーでサインインする。
⑪ 画面の指示に従ってセットアップを行う。セットアップが終わったら、[Close] をクリックする。

### Azure ADアプリケーションプロキシコネクタのセットアップウィザード

⑫ Azure ADディレクトリの［構成］タブに戻る。
⑬［アプリケーションプロキシ］項目の［コネクタの管理］をクリックすると、アプリケーションプロキシコネクタ
をインストールしたコンピューターの名前とIPアドレスを確認できる。

### アプリケーションプロキシコネクタをインストールしたコンピューターの情報

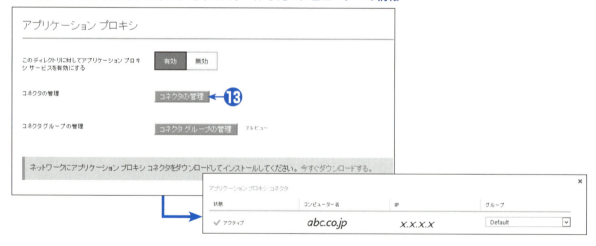

## 手順3：Azure ADでWebアプリケーションを発行
手順2の続きです。

① Azureのクラシックポータルで、Azure ADディレクトリの［アプリケーション］タブをクリックする。
② 画面下部に表示される［追加］をクリックする。
③ ［ネットワーク外部からアクセスできるアプリケーションを発行］オプションを選択して、［→］をクリックする。
④ Webアプリケーションの情報を入力する。
　　［名前］には、Azureのクラシックポータルとユーザーのアクセスパネルに表示される名前を入力する。ここでは、
「ABC777Corp WebApp」と入力している。

[内部URL] には、アプリケーションプロキシコネクタが社内のWebアプリケーションへの内部的なアクセスに使用するURLを入力する。ここでは、「http://websvr」と入力している。
[事前認証方法] では、[Azure Active Directory] を選択する。
⑤ [✔] をクリックする。

### ネットワーク外部からアクセスできるアプリケーションの発行

⑥ 「ABC777Corp WebApp」アプリケーションのクイックスタートページが表示される。
⑦ [アカウントの割り当て] をクリックする。

### アカウントの割り当て

⑧「ABC777Corp WebApp」アプリケーションの［ユーザーとグループ］タブで、アクセス許可を割り当てたいグループやユーザーを選択する。ここでは、「営業グループ」を選択している。
⑨画面下部に表示される［割り当て］をクリックする。
⑩営業グループへの割り当ての有効化の確認メッセージが表示されたら、［はい］をクリックする。

**営業グループへのアクセス許可の割り当て**

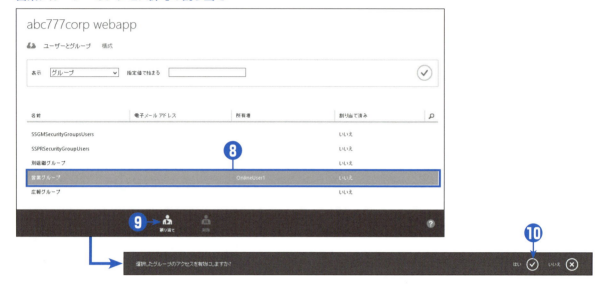

⑪「ABC777Corp WebApp」アプリケーションの［構成］タブをクリックする。
⑫Azure ADが自動的に構成した外部URLを確認する。

**外部URL**

## 手順4：社外から社内Webアプリケーションへのアクセス（ユーザー操作）

この手順では社外のPCを使用します。

① Webブラウザーを起動する。
② 手順3で自動的に構成された、「ABC777Corp WebApp」アプリケーションの外部URLにアクセスする。ここでは、「https://abc777corpwebapp-yamadataro777outlook.msappproxy.net/」にアクセスしている。
③ サインイン画面が表示される。ここでは、営業グループのOnlineUser1としてサインインする。
④ 社外からAzure ADアプリケーションプロキシ経由で社内Webアプリケーションにアクセスできることを確認する。

### 社外から社内のWebアプリケーションにアクセス

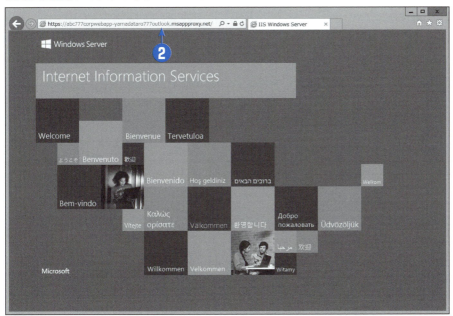

ユーザーに許可されているアプリケーションはすべて、そのユーザーのアクセスパネル（https://myapps.microsoft.com/）に表示されます。したがって、ユーザーは、社外からアクセスパネルに接続し、1クリックで「ABC777Corp WebApp」アプリケーションにアクセスすることもできます。

外部URLに、カスタムドメイン名を使用することもできます。その場合は、画面に表示される指示に従って、外部DNSサーバーにCNAMEレコードを登録してください。

## 外部URLにカスタムドメインを使用する

この詳細は、次のサイトを参照してください。

**「Azure ADアプリケーションプロキシでのカスタムドメインの使用」**
https://azure.microsoft.com/ja-jp/documentation/articles/active-directory-application-proxy-custom-domains/

# 多要素認証（Azure Multi-Factor Authentication）

## 第 5 章

1 多要素認証で認証を強化しよう！

2 ユーザーに対する Azure MFA の構成

3 アプリケーションに対する Azure MFA の構成

本章では、認証を強化する、多要素認証（Azure Multi-Factor Authentication）の概念、ユーザーに対する有効化、アプリケーションに対する有効化について、見ていきます。

# 1 多要素認証で認証を強化しよう！

## 多要素認証とは

　現在、さまざまなオンラインサービスで、多要素認証（Multi-Factor Authentication：MFA）という認証方法が採用されています。これは、2段階認証や追加認証とも呼ばれていて、ユーザーに、シンプルな方法で複数の認証情報を要求することで、サインイン時のセキュリティを強化する機能です。

　たとえば、私たちが銀行のオンラインサービスなどを使用する場合、お客様番号とパスワードのほか、事前に銀行から配布されたカードに記載されている数字表の中から指定された4つの数字を入力する、秘密の質問に答えるなど、いくつかの認証が組み合わされていて、すべての認証を通過できたときに、自分の口座にアクセスできるようになっています。

**多要素認証を使用するオンラインサービスが増えている**

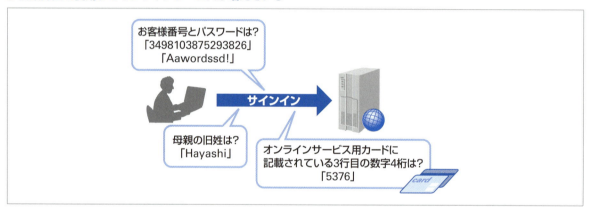

　なぜ、このような多要素認証が必要かというと、ユーザーアカウント名とパスワードを使用する従来のパスワード認証が、決してセキュアな方法ではないからです。ユーザーアカウント名は、そのユーザーの姓名や電子メールアドレスから推測しやすい情報です。シンプルなパスワードは、ユーザー本人にとって覚えやすい代わりに、悪意のあるユーザーにも推測されやすく、強力なパスワードは推測されにくい代わりに、本人にとって覚えるのが大変です。このため、自分のパスワードを決めることが苦手な人の場合、同じパスワードを、さまざまなシステムで使い回してしまうことがあります。

　これでは、悪意のあるユーザーに、アカウントを容易に乗っ取られてしまう危険性があります。組織のアカウントが乗っ取られてしまうと、システムに侵入され、組織内の機密情報が盗まれたりするので、それは断固として防がなければなりません。その1つの手段として、認証を強化できる多要素認証という方法があります。

# Azure ADの多要素認証（Azure MFA）

　Azure ADにも、多要素認証機能が用意されています。Azure ADの多要素認証（以降、Azure MFA）は、2層構造です。1つ目（1要素目）の認証では、本人だけが知っている情報として、パスワードを使用します。2つ目（2要素目）の認証では、そのユーザーが常に持参しているデバイスを使用します。この2つの認証を通過できてはじめて、Azure ADディレクトリへのサインインが成功します。

### Azure MFAの2つの認証

　この方法であれば、万が一、ユーザーアカウント名とパスワードが攻撃者に漏れてしまったとしても、本人が持っているデバイスを攻撃者が入手できなければ、認証はできません。そして、ユーザーがデバイスを紛失したとしても、そのデバイスを見つけた人がユーザー本人のアカウント名とパスワードを知らなければ、認証はできません。Azure MFAの2つ目（2要素目）の認証方法は、ユーザー本人が自分で選択してセットアップします。
　Azure MFAの2要素目の認証手段は、次の3つです。

・音声通話
・テキストメッセージ
・Azure MFAモバイルアプリケーション（スマートフォン）

### 2要素目の3つの認証手段

　Azure MFAモバイルアプリケーションとは、マイクロソフトが提供している「Azure Authenticator」という名前の、スマートフォン用アプリケーションです。これは、スマートフォンのストアアプリから無料でインストールできます。たとえば、iOSであれば、App Storeから無料でインストールできます。

## Microsoft Corporationの「Azure Authenticator」アプリケーション

そして、これらの手段を使用して、ユーザーは、次の4種類の中から1つの認証方法を選択します。

① 会社の電話またはスマートフォンに、Azure MFAから電話がかかってくるので、音声指示に従って「#」キーを押して応答する。
② Azure MFAからスマートフォンに、テキストメッセージで数字6桁の確認コード（ワンタイムパスワード）が送られてくるので、それをサインイン画面に転記してサインインする。
③ スマートフォンにインストールしたAzure MFAモバイルアプリケーションによって、ワンタイムパスワードが生成されるので、それをサインイン画面に転記してサインインする。
④ スマートフォンにインストールしたAzure MFAモバイルアプリケーションに対して、Azure MFAから通知が送られてくるので、タップして応答する。

次の図は、これら4種類の認証方法の、②、③、④を行う際のスマートフォンの画面です。

### 2要素目のスマートフォンの画面

②

③

④

Azure MFAは、ユーザーに対して有効化することも、Azure ADディレクトリと統合したアプリケーションに対して有効化することもできます。ユーザーに対して有効化した場合は、ユーザーがAzure ADディレクトリにサインインするタイミングで、Azure MFAが動作します。

**ユーザーに対してAzure MFAを有効化した場合**

　Azure ADディレクトリと統合したアプリケーションに対して有効化した場合は、そのアプリケーションにユーザーがアクセスするタイミングで、Azure MFAが動作します。

**Azure ADディレクトリと統合したアプリケーションに対してAzure MFAを有効化した場合**

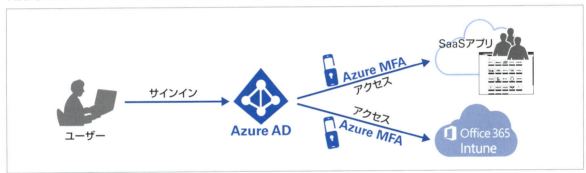

　両方設定した場合は、ユーザーに対して一度だけAzure MFAが動作します。

　また、Azure ADのアプリケーションプロキシ経由で公開される、社内ネットワークのIISアプリケーションに対して、Azure MFAを有効化することもできます。この場合は、ユーザーが社外からWebアプリケーションの外部URL（Azure ADのアプリケーションプロキシ）にアクセスし、Azure ADディレクトリに認証されるタイミングで、Azure MFAが動作します。

**Azure AD のアプリケーションプロキシ経由でアクセスする社内アプリケーションに対して有効化した場合**

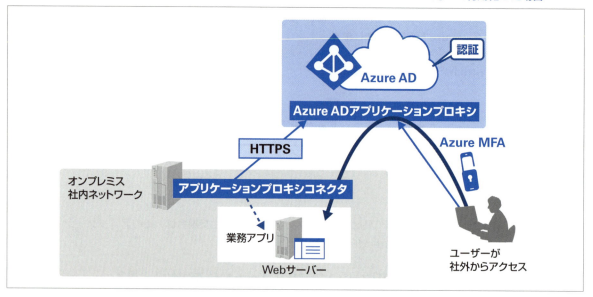

　このAzure MFAの良さは、構成がシンプルで、使いやすいところです。そして、高い業界標準に基づいていて、99.9％の可用性が保証されているので、安心して使用できるところです。さらに、アプリケーションに依存しないところです。Azure MFAはAzure ADの認証プロセスの拡張機能として提供されているので、SAML 2.0、WS-Federation、OpenID Connectのいずれかの認証プロトコルを使用してAzure ADとつながるアプリケーションであれば、どんなアプリケーションでも、アプリケーション側のコードに手を加えることなく、Azure MFAを使用できるので大変便利です！

## Azure MFAのバージョンとライセンス

　Azure MFAには、次の3つのバージョンがあります。

- Office 365 MFA（Office 365サブスクリプションに付属）
- Azure管理者用MFA（Azureサブスクリプションに付属）
- Azure MFA（Azure AD Premium/Enterprise Mobility + Security（EMS）に付属、またはAzure MFA単体のライセンス）

　Office 365 MFAは、Office 365サブスクリプションに付属しています。Office 365にサインアップしている組織は、Office 365管理センターを使用して、Office 365のユーザーに対し、追加費用なしでMFAを有効化できます。このバージョンは、Office 365アプリケーション専用で動作します。Office 365 MFAが有効化されたユーザーは、Office 365にサインインするときに、Office 365 MFAを使用できます。
　Azure管理者用MFAは、Azureサブスクリプションに付属しています。これは、Azureの管理者アカウント専用です。Azureの仮想マシンやWebサイトを作成したり、Azureのストレージを管理したりする、すべてのAzure管理者に対して、追加費用なしでMFAを有効化できます。Azureのすべての管理者は、Azureのポータルにサインインするときに、Azure管理者用MFAを使用できます。
　ただし、Office 365 MFAもAzure管理者用MFAも、機能が限定されていて、詳細な構成はできません。

しかし、Azure MFAという完全なバージョンであれば、詳細な構成オプションや高度なレポート機能も用意されています。Azure MFAを使用するには、Azure AD PremiumまたはEnterprise Mobility + Security（EMS）のライセンスをユーザーに割り当てる必要があります。または、Azure MFA単体のライセンスを追加購入することもできます。

---

## コラム　Azure MFAの単体ライセンス

Azure MFAの単体ライセンスを追加購入する際、次の2つの種類があります。

**・有効化されたユーザーごと**
MFAを有効化したユーザーごとに課金される購入モデル。
Office 365などのアプリケーションにアクセスするユーザー向け。
**・認証ごと**
認証されるごとに課金される購入モデルで、ユーザー数に依存しない。
コンシューマー向けのアプリケーションでAzure MFAを使用するシナリオ向け。

どちらの課金モデルを使用するかは、Azureのクラシックポータルから「MULTI-FACTOR AUTHENTICATIONプロバイダー」というリソースを作成する際に決定します（本章の3節のコラム「Azure MFAに登録したスマートフォンを家に忘れてしまったら？」の図「多要素認証プロバイダーの作成」を参照）。

---

次に示すのは、3つのバージョンのMFAの機能比較表です。

### Azure MFAの機能比較表

| 機能 | Office 365 MFA<br>（Office 365 SKUに付属） | Azure 管理者用 MFA<br>（Azure サブスクリプションに付属） | Azure MFA<br>（Azure AD PremiumまたはEMSに付属、Azure MFA単体） |
|---|:---:|:---:|:---:|
| 管理者アカウントをMFAで保護できる | ○ | ○※1 | ○ |
| モバイルアプリを2要素で使用できる | ○ | ○ | ○ |
| 音声通話を2要素で使用できる | ○ | ○ | ○ |
| テキストメッセージを2要素で使用できる | ○ | ○ | ○ |
| MFAをサポートしていないクライアントのアプリパスワード | ○ | ○ | ○ |
| 認証方法の管理制御 | ○ | ○ | ○ |
| PINモード | | | ○ |
| 不正アクセスのアラート | | | ○ |
| MFAレポート | | | ○ |
| ワンタイムバイパス | | | ○ |
| 音声通話のカスタムあいさつ文 | | | ○ |
| 音声通話の発信元IDのカスタマイズ | | | ○ |
| イベントの確認 | | | ○ |
| 信頼できるIPアドレス範囲の指定 | | | ○ |
| 信頼済みデバイスのMFAの記憶 | ○ | ○ | ○ |
| MFAのSDK | | | ○※2 |
| MFAサーバーによる、オンプレミスアプリケーション用のMFA | | | ○ |

※1　Azure管理者アカウントのみ使用可能
※2　Multi-Factor Authenticationプロバイダーと完全なAzureサブスクリプションが必要

それでは、ユーザーとアプリケーションに対して、Azure MFAを構成してみましょう。

# 2 ユーザーに対するAzure MFAの構成

　Azure MFAは、ユーザーに対して有効化/無効化できます。ここでは、営業グループのユーザー（OnlineUser1とOnlineUser2）がAzure ADディレクトリにサインインする際、ユーザーアカウント名とパスワードの認証の後、スマートフォンのテキストメッセージを使用して認証するように、Azure MFAを構成します。
　手順は、次のとおりです。

## 手順1：ユーザーに対するAzure MFAの有効化（管理者操作）

① 管理者として、Azureのクラシックポータルにアクセスする。
② 左側の［ACTIVE DIRECTORY］をクリックし、対象となるAzure ADディレクトリの［ユーザー］タブをクリックする。
③ 画面下部に表示される、［MULTI-FACTOR AUTHの管理］をクリックする。

**MULTI-FACTOR AUTHの管理**

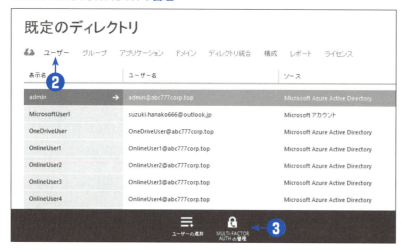

④ Webブラウザーで別のタブが開き、［多要素認証］ページが開く。［ユーザー］タブで、OnlineUser1とOnlineUser2を選択する。
⑤ ［有効にする］をクリックする。

## [多要素認証] ページの [ユーザー] タブ

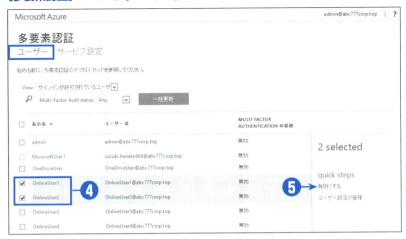

⑥ メッセージが表示されたら、[multi-factor auth を有効にする] をクリックする。
⑧ 更新が正常に完了したら、[閉じる] をクリックする。

> Azure MFAが有効化されたユーザーに対して、Azure MFAを無効化する場合も、この [多要素認証] ページを使用します。

Office 365管理センターを使用して、ユーザーのOffice 365 MFAの有効化/無効化を行うには、[ユーザー] の [アクティブなユーザー] で、[その他] の [Azure Multi-Factor Authenticationのセットアップ] をクリックします。

**Office 365管理センターからAzure MFAをセットアップ**

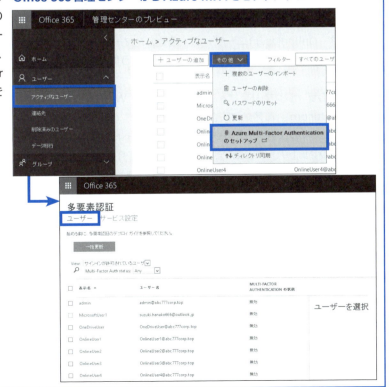

[多要素認証] ページの [サービス設定] タブを使用すると、信頼済みのIPアドレス範囲を指定できます。たとえば、会社の社内ネットワークのIPアドレス範囲を信頼済みのIPアドレス範囲として登録しておくと、会社の社内ネットワークからサインインするユーザーに対して、Azure MFAの認証をバイパス（迂回）させることができます。この機能は、Azure AD Premium、Enterprise Mobility + Security（EMS）、またはAzure MFA単体のライセンスを持っている、Azure MFAバージョンで使用できます。

また、ユーザーに使用させたくない2要素目の認証手段がある場合は、このページの [検証オプション] で、設定を変更できます。

**[多要素認証] ページの [サービス設定] タブ**

## 手順2：Azure MFAの2要素目のセットアップ（ユーザー操作）

2要素目のセットアップは、そのユーザーがAzure MFAを有効化された後、初めてAzure ADディレクトリにサインインする際に、誘導されます。

ここでは、OnlineUser1ユーザーが、自分のスマートフォンを認証用電話として登録し、テキストメッセージで確認コード（ワンタイムパスワード）を受け取るように、Azure MFAの2要素目をセットアップします。

① Azure ADディレクトリにサインインするため、Webブラウザーを起動し、アクセスパネル（https://myapps.microsoft.com/）にアクセスする。
② OnlineUser1のユーザーアカウント名とパスワードを入力し、[サインイン] をクリックする（1要素目の認証）。
③ 2要素目のセットアップ画面が表示される。[今すぐセットアップ] をクリックし、2要素目の設定を行う。

**2要素目のセットアップ**

④ ［追加のセキュリティ確認］ページの「手順1」で、Azure MFAの2要素目の認証方法を設定する。
　・［認証用電話］を選択
　・［日本（+81）］を選択
　・確認コードを受け取る、自分のスマートフォンの番号を入力
　・［テキストメッセージでコードを送信する］オプションを選択
⑤ ［連絡先］をクリックすると、指定したスマートフォンに、数字6桁の確認コードが送られてくる。

**追加のセキュリティ確認ページ**

⑥ ［追加のセキュリティ確認］ページの「手順2」で、受け取った確認コードを入力し、［確認］をクリックする（本章の1節の手順「Azure ADの多要素認証（Azure MFA）」の図「2要素目のスマートフォンの画面」の②を参照）。
⑦ 確認コードが確認されたら、［完了］をクリックする。
⑧ ［追加のセキュリティ確認］ページの「手順3」で、アプリケーションパスワードが生成される。必要に応じて、生成されたパスワードをコピーして、保存しておく。

> アプリケーションパスワードは、Office 2010以前やApple Mailなど、MFAを認識しない一部のアプリケーションが、MFAをバイパスして動作できるようにするためのものです。Office 2013以降のクライアント（Outlookを含む）は、新しい認証プロトコルがサポートされたことで、MFAを使用できるようになりました。したがって、Office 2013以降のクライアントの場合は、アプリケーションパスワードは不要です。

⑨ ［完了］をクリックする。
⑩ アクセスパネルにサインインできたら、一度サインアウトして、Webブラウザーを閉じる。

［追加のセキュリティ確認］ページの「手順1」で、認証用電話の［電話する］を選択した場合は、ワンタイムパスワードを受け取る代わりに、Azure MFAから電話がかかってきます。音声指示に従って「#」キーをタップすることで、セットアップが完了します。

**音声指示を使用する方法**

［追加のセキュリティ確認］ページの「手順1」で、［モバイルアプリ］を選択した場合は、［セットアップ］をクリックすると、画面にQRコードが表示されます。

**スマートフォンのAzure MFAモバイルアプリケーションを使用する方法**

スマートフォンにインストールした「Azure Authenticator」アプリケーションを起動し、［アカウントを追加］をタップすると、自動的にカメラが起動します。このカメラで、多要素認証のセットアップ画面に表示されたQRコードを読み取ることで、「Azure Authenticator」アプリケーション内に、Azure ADディレクトリと関連付けられたアカウントが自動的に追加され、セットアップが完了します。

第5章　多要素認証（Azure Multi-Factor Authentication）　183

**Azure MFAモバイルアプリケーションのセットアップ**

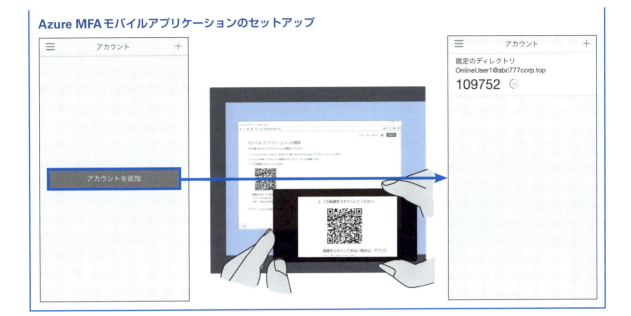

手順2で設定した2要素目の認証方法を変更したい場合は、いったん、Azureのクラシックポータルを使用して、このユーザーに対するAzure MFAを無効化し、再度、有効化してください。

## 手順3：Azure MFAのテスト（ユーザー操作）

① 再度、Webブラウザーを起動し、アクセスパネル（https://myapps.microsoft.com/）にアクセスする。
② OnlineUser1のアカウント名とパスワードを入力して、［サインイン］をクリックし、1要素目の認証を行う。
③ 続けて、2要素目の認証が求められる。手順2で登録したスマートフォンに確認コードが送られてくるので、それをサインイン画面に転記する。
④ ［サインイン］をクリックする。

**2要素目の認証**

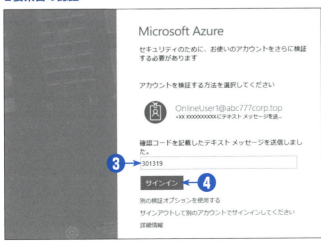

2要素目の認証に電話の音声を選択した場合は、セットアップのときと同様に、「#」キーをタップすることで、2要素目の認証が行われます。

2要素目の認証方法に、Azure MFAモバイルアプリケーションの［確認のための通知を受け取る］オプションを選択した場合は、「Azure Authenticator」アプリケーションの画面に、次のようなメッセージが表示されます。

### 「Azure Authenticator」アプリケーションへの確認通知

この［認証］をタップすることで、2要素目の認証が行われます。

# 3 アプリケーションに対する Azure MFA の構成

Azure MFA は、Azure AD ディレクトリと統合したアプリケーションに対しても、有効化/無効化できます。ここでは、Azure AD ディレクトリと統合した Facebook アプリケーションに対して、Azure MFA を有効化します。

手順は、次のとおりです。

```
手順1：アプリケーションに対する Azure MFA の有効化（管理者操作）
            ↓
手順2：Azure MFA の2要素目のセットアップ（ユーザー操作）
```

## 手順1：アプリケーションに対する Azure MFA の有効化（管理者操作）

① 管理者として、Azure のクラシックポータルにアクセスする。
② 左側の［ACTIVE DIRECTORY］をクリックし、対象となる Azure AD ディレクトリをクリックする。
③［アプリケーション］タブをクリックし、Azure MFA を有効化したいアプリケーションをクリックする。
④ Facebook アプリケーションの［構成］タブをクリックする。ここでは、Facebook に対して操作している。
⑤［多要素認証と場所ベースのアクセス規則］の設定は、既定でオフになっている。

**Facebook アプリケーションの［構成］タブ**

⑥ [アクセス規則を有効にする] をオンに変更すると、適用対象とするユーザー（グループ）、Azure MFAの動作を定義する項目（ルール）が表示される。適用対象とするユーザー（グループ）や、適切なルールを選択する。
⑦ 画面下部に表示される [保存] をクリックする。

**FacebookアプリケーションのAzure MFAの有効化**

> [ルール] の [社内ネットワークの場所を定義/編集するには、ここをクリックしてください] というリンクをクリックすると、Azure MFAのサービス設定画面が表示されます（本章の2節の「[多要素認証] ページの [サービス設定] タブ」の図）。Azure MFAをバイパス（迂回）するIPアドレス範囲を設定できます。

## 手順2：Azure MFAの2要素目のセットアップ（ユーザー操作）

　ここでは、ユーザーに対するAzure MFAは無効で、かつ、Facebookアプリケーションのアクセス許可が割り当てられている、OnlineUser3で2要素目のセットアップを行ってみましょう。
　OnlineUser3がアクセスパネルにアクセスした場合、このユーザーはAzure MFAの設定が無効なので、ユーザーアカウント名とパスワードの認証だけで、Azure ADディレクトリにサインインします。Azure MFAは動作せず、アクセスパネルが開かれます。その後、アクセスパネルからFacebookアプリケーションのパネルをクリックすると、そのタイミングでAzure MFAが動作し、2要素目のセットアップが開始されます。

第5章　多要素認証（Azure Multi-Factor Authentication）

**アプリケーションに対してAzure MFAを有効にした場合**

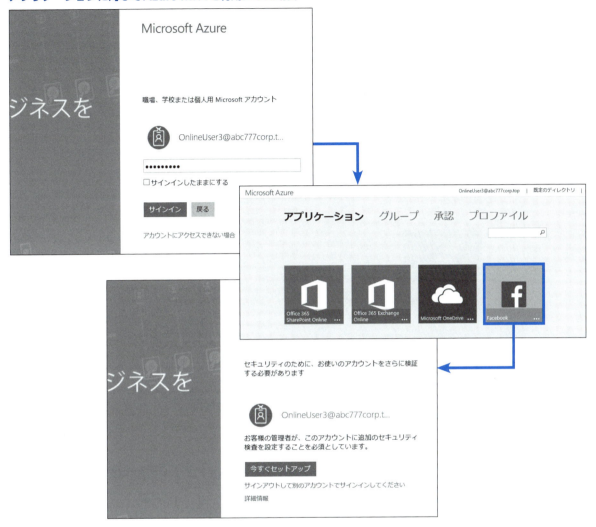

Azure MFAの2要素目をセットアップしたら、本章の2節と同様、Azure MFAのテストをしてください。

OnlineUser3ユーザーに対してもAzure MFAが有効で、Facebookアプリケーションに対してもAzure MFAが有効な場合は、アクセスパネルにアクセスするタイミング（Azure ADディレクトリへのサインインのタイミング）で、一度だけAzure MFAが動作します。続けて、アクセスパネルからFacebookアプリケーションにアクセスする際、Azure MFAは動作しません。

## コラム Azure ADのアプリケーションプロキシ経由で公開される、社内ネットワークのIISアプリケーションに対する、Azure MFAの有効化

社外からAzure ADのアプリケーションプロキシ経由でアクセスする、社内のIISアプリケーションに対しても、統合アプリケーションに対する設定と同じ方法で、発行したアプリケーションの［構成］タブからAzure MFAを有効にできます。

### Azure ADのアプリケーションプロキシ経由で公開されるアプリケーションに対する、Azure MFAの有効化

ユーザーが社外からWebアプリケーションの外部URL（Azure ADのアプリケーションプロキシ）にアクセスし、Azure ADディレクトリに認証されるタイミングで、Azure MFAが動作します。

Azure ADのアプリケーションプロキシについては、「第4章 アプリケーションの管理」の7節を参照してください。

## コラム Azure MFAに登録したスマートフォンを家に忘れてしまったら？

出社後に、2要素目の認証で使用するスマートフォンを持っていないことに気付いた場合、当然のことながら、Azure ADディレクトリの認証はできません。しかし、それでは、その日の業務を行えず、支障が出てしまいますね。

このような場合、組織の管理者は、そのユーザーに対して、1回（ワンタイム）だけ、Azure MFAをバイパス（迂回）するように設定してあげることができます。それには、Azureのクラシックポータルから「MULTI-FACTOR AUTHENTICATIONプロバイダー」を構成します。

①管理者として、Azureのクラシックポータルにアクセスする。
②左側の［ACTIVE DIRECTORY］をクリックし、［多要素認証プロバイダー］タブをクリックする。

### ［多要素認証プロバイダー］タブ

第5章　多要素認証（Azure Multi-Factor Authentication）

③［新しいMULTI-FACTOR AUTHENTICATIONプロバイダーの作成］をクリックする。
④多要素認証プロバイダーの名前を入力し、ライセンスの使用モデル（有効化されたユーザーごと、または、認証ごと）と、Azure MFAの高度な機能を使用するAzure ADディレクトリを選択し、［作成］をクリックする。

**多要素認証プロバイダーの作成**

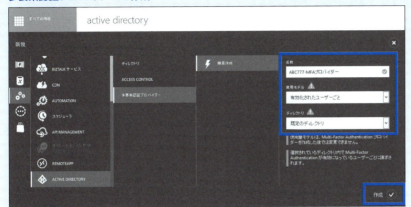

⑤多要素認証プロバイダーの作成が終わったら、画面の下部に表示される［管理］をクリックする。
⑥Webブラウザーで別のタブが開き、「Azure Multi-Factor Authentication」ページが表示される。
⑦［ユーザー管理］の［ワンタイムバイパス］をクリックし、［新しいワンタイムバイパス］をクリックして、ワンタイムバイパスを許可するユーザーを指定する。

**ユーザー管理のワンタイムバイパスの設定**

このほか、「Azure Multi-Factor Authentication」ページを使用すると、次のような、きめ細かな設定も行えます。

・Azure MFAからの電話で受け取った1つのワンタイムパスワードの、入力タイムアウトは何分か
・Azure MFAからの電話で受け取った1つのワンタイムパスワードは、何回入力を試行できるか
・Azure MFAからの電話で使用する発信者番号は、何番にするか
・Azure MFAを通過して何分以内なら、再度認証を要求されないか
など

　さらに、ユーザーをブロックしたり、Azure MFAの使用状況やバイパス履歴をレポートで確認することなどもできます。これらの機能は、Azure AD Premium、Enterprise Mobility + Security（EMS）、またはAzure MFA単体のライセンスを持っている、Azure MFAバージョンで使用できます。

# Azure Active Directoryの参加と同期

## 第6章

**1** Windows 10のAzure Active Directory Join（参加）

**2** Windows Server Active Directory と Azure Active Directory のディレクトリ同期とパスワード同期

Windows 10のデバイスは、「Azure Active Directory Join（参加）」という機能を使用して、Azure Active Directoryに参加できます。Windows 10のデバイスがAzure Active Directoryに参加すると、従来のパスワードではなく、PINコードを使用して、簡単かつ強力に認証を行えるようになります。本章の前半で、Windows 10のAzure AD JoinとPINコード認証について、見ていきます。

本章の後半は、オンプレミスにWindows Server Active Directoryが展開されている場合の、ディレクトリ同期とパスワード同期について説明します。Azure AD Connectツール、オンプレミスActive Directoryフォレストとのディレクトリ同期とパスワード同期、パスワードの書き戻し機能について、見ていきます。

# 1 Windows 10のAzure Active Directory Join（参加）

## Windows 10はモバイル/クラウド時代のクライアント

　Windows 10は、デスクトップPCやノートPCはもちろん、マイクロソフトのSurfaceや他ハードウェアメーカーのタブレット、スマートフォン、Microsoft HoloLensなどのIoTデバイス、そして、ディスプレイにもホワイトボードにもビデオ会議端末にもなるSurface Hubなど、さまざまなデバイスで使用されている、まさにモバイル/クラウド時代のクライアントOSです。現在、多くの企業、公的機関、大学などの教育機関に導入され、活用されています。

**多種多様なデバイスで動くWindows 10**

電話　ファブレット　小型タブレット　大型タブレット　2 in 1（タブレット/ノートPC）　従来型ノートPC　デスクトップその他

Xbox　Surface Hub　IoT　HoloLens

　Windows 10には、パブリッククラウドやモバイルデバイスを活用する、最近のワークスタイルに合った機能が用意されています。そして、セキュリティも強化されています。従来のパスワードを使用せず、PINコードという4桁以上の秘密の番号、または顔や指紋などの生体認証による、「Microsoft Passport」という認証方法がサポートされています。

> **参照**
>
> Windows 10の機能の概要は、次のサイトを参照してください。
>
> 「Windows 10を愛したくなる理由、企業でWindows 10を活用するメリット」
> http://www.microsoft.com/japan/msbc/Express/windows10/merit/

## PINコードを使って認証を強化しよう！

　Windows 10は、4桁以上の秘密の番号であるPINコードによる認証をサポートしています。「4桁以上の数字？パスワードより短くてシンプルなのに、大丈夫なの？」と心配かもしれませんが、実は、PINコードによる認証は、従来のパスワードを使用する認証より強力なのです！

**PINコードを使用する認証**

　従来から使用しているパスワードは、認証サーバー側に格納されている情報であり、ユーザーが認証サーバーに送信したパスワードが、悪意のあるユーザーに傍受される危険性があります。また、ユーザーが簡単なパスワードばかり設定していると、悪意のあるユーザーに容易に推測され、不正にサインインされてしまう危険性があります。

　しかし、PINコードは、認証サーバー側ではなく、そのデバイスのローカルに格納される情報です。正確には、そのデバイスのTPM（トラステッドプラットフォームモジュール）というチップに格納され、複数の物理セキュリティメカニズムで保護されています。第三者が容易にアクセスできる場所ではありません。デバイスのTPMに格納されたPINコードは、そのPINコードをセットした特定のデバイスだけに関連付けられていて、そのデバイスに対してしか有効ではなく、PINコードをセットしたユーザーだけが知っている情報です。

**PINコードはWindows 10デバイスローカルに格納されている**

1人のユーザーが複数のWindows 10デバイスを使用する場合、セキュリティを高めるため、必ず、それぞれのデバイスに対して異なるPINコードをセットしてください。

したがって、万が一、悪意のあるユーザーにPINコードを知られてしまったとしても、悪意のあるユーザーがそのデバイスを入手できなければ、サインインされることはありません。そして、そのデバイスが、万が一盗まれてしまったとしても、そのデバイスに関連付けられているPINコードが知られなければ、サインインされることはありません。

　ユーザー本人だけが知っている情報（PINコード）、および、そのPINコードが格納されているデバイス、その両方が確認され、ユーザーとデバイスの組み合わせが正しくなければ、認証は成功しません。つまり、PINコードによる認証は、多要素の認証なのです。

### PINコードによる認証は「多要素認証」

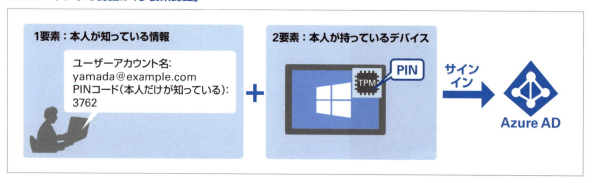

　Windows 10デバイスとAzure ADディレクトリ間の認証のやり取りは、秘密鍵と公開鍵を使用するPKI方式（公開鍵暗号化方式）で保護されています。そして、Windows 10デバイスからAzure ADディレクトリには、PINコードではなく、PKI方式の署名が付いた単なるサインイン要求だけが送られるようになっています。PINコードがネットワークを流れることはないので、万が一、認証のやり取りが第三者に傍受されたとしても、何も問題は起こりません。

### PINコードはネットワークを流れない

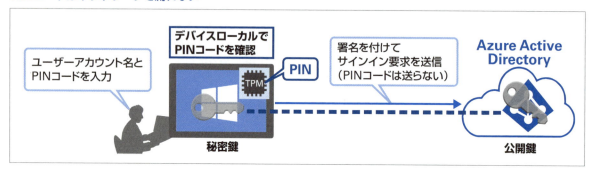

## コラム　Microsoft Passport（PINコードの認証、Windows Helloの生体認証）

　PINコード、および、Windows Hello（生体認証）を使用する認証を、「Microsoft Passport」と呼びます。Microsoft Passportは、Windows 10、Windows Server 2016、Azure ADがサポートしている機能です。Microsoft Passportは、パスワードを使用する代わりに、デバイスに関連付けたPINコードまたはWindows Hello（生体認証）を使用して、ユーザーとデバイスの組み合わせを確認し、よりシンプルに、安全で高度な多要素認証を行います。

　「Windows Hello」（生体認証）は、PINコードの認証をさらに発展させた方法です。Windows Helloは、PINコードを入力する代わりに、誰もが知っているけれども本人しか持ちようがない、顔、虹彩、指紋などを使用して認証を行います。

**Microsoft Passport（PINコードの認証、Windows Helloの生体認証）**

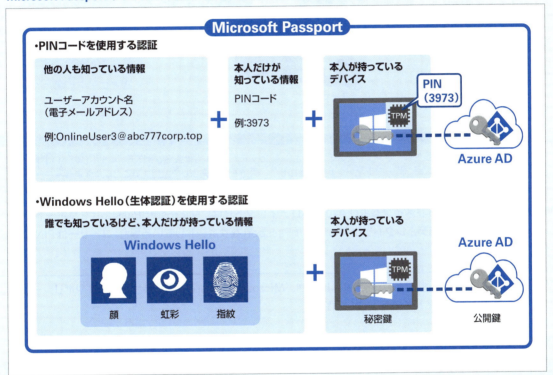

　Microsoft Passportによって、煩雑になりがちなパスワード管理が不要になるため、Microsoft Passportは、認証を強化するだけでなく、ユーザーと管理者の生産性向上にもつながります。

　Microsoft PassportとWindows Helloの概要は、次のサイトのビデオを参照してください。

「ハイブリッドなActive Directoryの設計～ Windows Server 2016版～」
https://channel9.msdn.com/Events/de-code/2016/inf-007?CR_CC=200840593

## Windows 10が参加できるディレクトリは2つある

　Windows 10が参加できるディレクトリは、2つあります。つまり、Windows 10を認証できるディレクトリが2つあるということです。1つが、従来のオンプレミスのActive Directory（Windows Server Active Directory）ドメインです。もう1つが、Azure ADディレクトリです。

### Windows 10の認証先は2つ

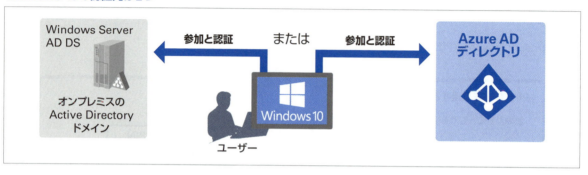

| 注意 |
| --- |
| Windows 10デバイスの認証先は、オンプレミスのActive DirectoryドメインまたはAzure ADディレクトリの、いずれか1つです。Windows 10デバイスが、両方のディレクトリに参加して、両方を認証先として使用することはできません。 |

　Windows Server 2016ドメインおよびAzure ADディレクトリは、Microsoft Passportをサポートしています。Windows 10の参加先ディレクトリがMicrosoft Passportをサポートしている場合、ユーザーはPINコードでサインインできます。

> 　Windows 10のドメイン参加とAzure AD Joinや、Microsoft Passportの実装（必要条件やポリシー設定など）については、次のサイトを参照してください。
>
> 「職場でのWindows 10デバイスの使用」
> https://azure.microsoft.com/ja-jp/documentation/articles/active-directory-azureadjoin-windows10-devices/
>
> 「組織でのMicrosoft Passportの実装」
> https://technet.microsoft.com/ja-jp/library/mt219734(v=vs.85).aspx

## Active Directoryドメインへの参加（Domain Join）と認証

　1つ目の参加先は、オンプレミスに展開するActive Directoryドメインです。ユーザーがWindows 10デバイスをActive Directoryドメインに参加させることで、Active Directoryドメインを認証先として使用できます。これは、社内のリソースやアプリケーションを使用するユーザー向けの構成です。

　ただし、多種多様なWindows 10デバイスの中には、Active Directoryドメインに参加できないものもあります（モバイルデバイスなど）。

**オンプレミスActive Directoryドメインへの参加と認証**

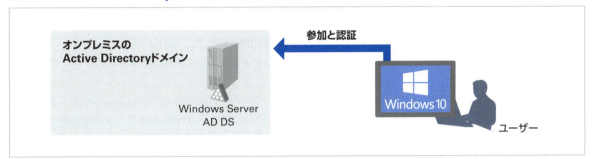

## Azure ADディレクトリへの参加（Azure AD Join）と認証

　2つ目の参加先は、Azure ADディレクトリです。Windows 10デバイスは、「Azure AD Join（Azure AD参加）」という機能を使用して、Azure ADディレクトリに参加し、Azure ADディレクトリを認証先として使用できます。Azure ADディレクトリには、従来のActive Directoryドメイン参加に対応していないデバイス（モバイルデバイスなど）も参加できます。

　Azure ADディレクトリへの参加は、オンプレミスのドメイン参加と同様、Azure ADディレクトリにアカウントを持つユーザー本人が、Windows 10デバイスから行います。Azure ADディレクトリに参加したデバイスは、Azure ADの「デバイス登録サービス」によって、ユーザーと紐づけて登録されます。そして、ユーザー本人がデバイス固有のPINコードを設定し、そのPINコードを使用して、Azure ADディレクトリにサインインします。これは、Office 365などのパブリッククラウドサービスやモバイルデバイスを使用するユーザーを対象とする構成です。

**Azure ADディレクトリへの参加とPINコードによる認証**

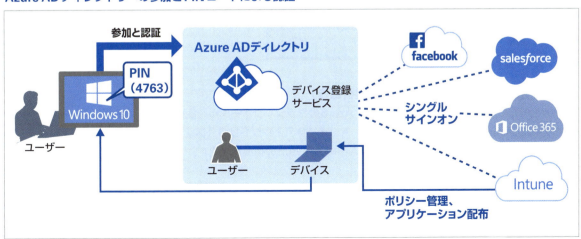

Windows 10デバイスがAzure ADディレクトリに参加すると、次のことができるようになります。

・ユーザーは、Azure ADディレクトリに登録されているユーザーアカウント名と、デバイスにセットしたPINコードで、Windows 10デバイスにサインインできるようになる（Microsoft Passport）。
・PINコードで認証されたユーザーは、Azure ADディレクトリの統合アプリケーションにSSOでアクセスできるようになる。
・ユーザーが使用しているWindows 10デバイスが、Azure ADディレクトリのユーザーと紐づけられて登録される。
・Intuneが導入されている場合は、登録したデバイスをIntuneのポリシーで一元管理できるようになる。

> Windows 8.1には、Workplace Join（社内参加）という機能がありました。これは、Windows 8.1デバイスをAzure ADディレクトリに登録するだけであり、Azure ADディレクトリに参加して認証されるわけではありません。
> それに対して、Windows 10のAzure AD Joinは、Windows 10デバイスがAzure ADディレクトリに参加し、Azure ADディレクトリがWindows 10デバイスを認証します。したがって、Windows 8.1のWorkplace Join（社内参加）とWindows 10のAzure AD Join（Azure AD参加）は、異なる機能です。

## Azure AD Joinの構成とユーザー操作

Azure AD Joinのサーバー側の構成とユーザー操作について、見ていきます。
Azure AD Joinを行う手順は、次のとおりです。

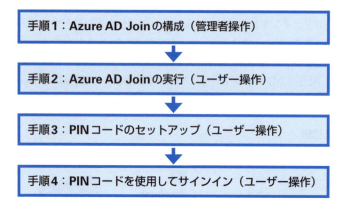

### 手順1：Azure AD Joinの構成（管理者操作）

　Azure AD Joinのサーバー側の構成には、Azureのクラシックポータルを使用します。
　次の図は、Azureのクラシックポータルで、Azure ADディレクトリの［構成］タブをクリックし、［デバイス］の設定項目を表示している画面です。これが、Azure AD Joinの構成情報です。

**Azure AD Joinの構成情報**

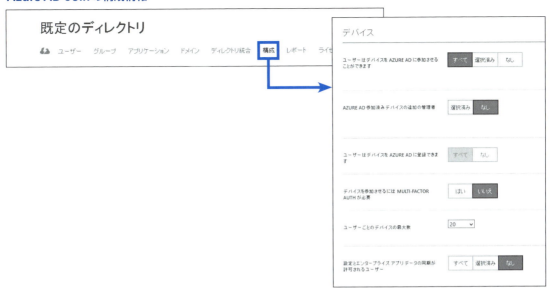

　Azure AD Joinは、既定で有効です。そして、既定では、ノートPCやタブレットなど、さまざまなデバイスを1ユーザーごとに20台まで登録できます。

## 手順2：Azure AD Joinの実行（ユーザー操作）

　Windows 10のAzure ADディレクトリへの参加（Azure AD Join）は、Windows 10デバイスを使用するユーザー本人が行います。ここでは、「OnlineUser3@abc777corp.top」ユーザーが、「Win10」という名前のWindows 10デバイスをAzure ADに参加させます。

① ユーザー本人が、Windows 10デバイスで、［スタート］メニューの［設定］の［システム］をクリックする。

**［スタート］メニューの［設定］の［システム］**

② ［バージョン番号］の［Azure ADに参加］をクリックする。

**［バージョン番号］の［Azure ADに参加］**

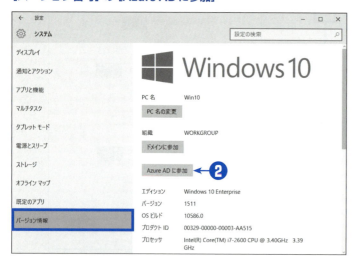

> ［バージョン番号］の［ドメインに参加］をクリックすると、従来のオンプレミスActive Directoryドメインへの参加になります。

③ ウィザードが起動したら、［次へ］をクリックする。
④ ［サインインしましょう］ページで、Azure ADディレクトリに登録されているユーザーアカウント名とパスワードを入力する。ここでは、「OnlineUser3@abc777corp.top」ユーザーとしてサインインしている。
⑤ ［サインイン］をクリックして、Azure ADディレクトリにサインインする。

**Azure ADディレクトリにサインイン**

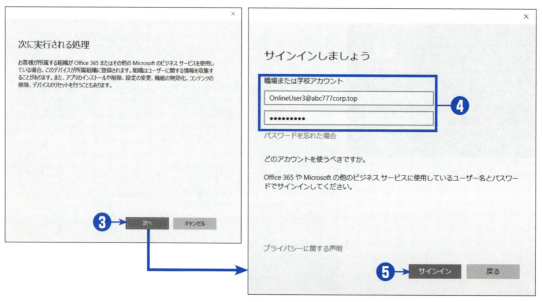

⑥サインインした情報を確認して、[参加する]をクリックする。
⑦Azure AD Joinが成功したら、[完了]をクリックする。

### Azure AD Joinの完了

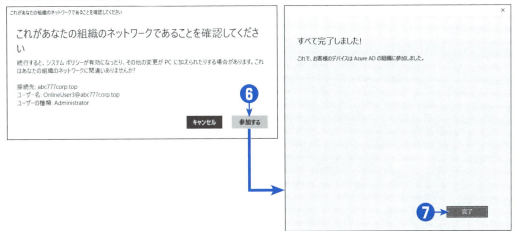

　Windows 10のAzure AD Joinが完了したら、Azureのクラシックポータルに切り替えて、結果を確認してみましょう。
　Azure ADディレクトリの[ユーザー]タブをクリックし、「OnlineUser3@abc777corp.top」ユーザーの情報を開いてみると、「OnlineUser3@abc777corp.top」ユーザーの[デバイス]タブに、「Win10」という名前のデバイスが登録されたことを確認できます。

### ユーザーと紐づけられてデバイスが登録される

　Azure AD Joinが成功すると、そのユーザーは、そのWindows 10デバイスに、Azure ADディレクトリの"職場または学校アカウント"でサインインできるようになります。ただし、そのWindows 10デバイスに、ローカルユーザーとして、Azure ADディレクトリの"職場または学校"アカウントが作成されるわけではありません。

### 手順3：PINコードのセットアップ（ユーザー操作）

　次は、Windows 10デバイスのPINコードをセットアップします。これも、ユーザー本人が行う操作です。ここでは、「OnlineUser3@abc777corp.top」ユーザーが、Azure ADに参加した「Win10」デバイスに対して、PINコードをセットアップします。

①Windows 10デバイスに、ユーザー本人がサインインする。
　PINコードをセットアップする前なので、Azure ADディレクトリのユーザーアカウント名とパスワードを入力して、サインインする。ここでは、「OnlineUser3@abc777corp.top」ユーザーとしてサインインする。
②PINコードのセットアップが求められるので、[PINのセットアップ] をクリックする。

**PINコードのセットアップ**

③PINをセットアップする前に、ユーザー本人のアカウントを確認する。[今すぐセットアップ] をクリックする。
④[IDを確認する] ページが表示されるので、アカウントを確認する手段を選択して、アカウント確認を行う。ここでは、[テキストメッセージ] を選択し、自分のスマートフォンの電話番号を入力して、受け取った確認コードを画面に転記している。
　また、IDを確認する手段として、テキストメッセージのほか、電話とモバイルアプリも選択できる。
⑤[次へ] をクリックする。
⑥スマートフォンで受け取った確認コードを画面に転記する。
⑦[次へ] をクリックする。

**本人のアカウントを確認**

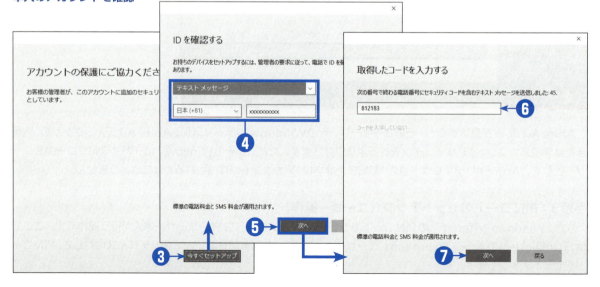

⑧ アカウントの確認が終わると、PINのセットアップページが表示される。要件に従って、4桁以上の数字を入力する。
⑨ [OK] をクリックする。

**デバイスのPINコードを入力**

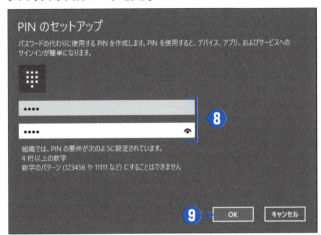

## 手順4：PINコードを使用してサインイン（ユーザー操作）

PINコードのセットアップが終わったら、Windows 10デバイスにPINコードでサインインできることを確認してみましょう。

**PINコードを入力してサインイン**

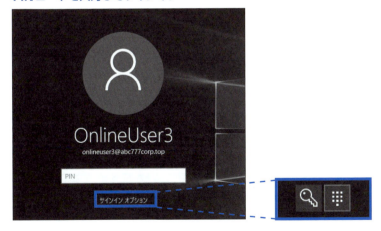

> サインイン画面の［サインインオプション］をクリックすると、パスワードによる認証（左側の鍵のアイコン）とPINコードによる認証（右側のアイコン）を選択できます。

次の図は、「OnlineUser3@abc777corp.top」ユーザーがPINコードでサインインした後、アクセスパネル（https://myapps.microsoft.com/）に接続し、FacebookアプリケーションにSSOでアクセスしたときの画面です。PINコードでサインインした場合は、Azure ADディレクトリ側で「OnlineUser3@abc777corp.top」ユーザーに対して多要素認証が有効になっていても、アクセスするFacebookアプリケーションに対して多要素認証が有効になっていても、Azure MFAは動作しません。

**Azure ADディレクトリの多要素認証（Azure MFA）は求められない**

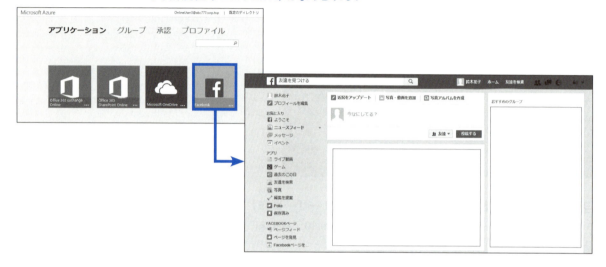

### コラム　PINコードの変更

セットアップしたPINコードを変更するには、Windows 10の［スタート］メニューの［設定］の［アカウント］をクリックします。［サインインオプション］をクリックし、「PIN」の［変更］をクリックして、新しいPINコードを入力します。

**PINコードの変更**

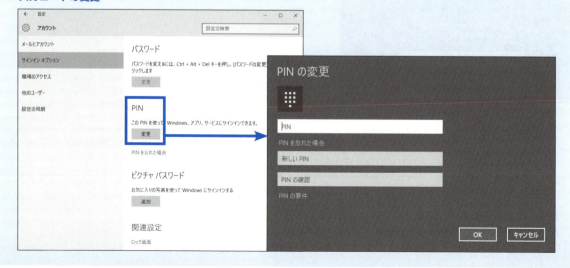

## コラム　Azure ADディレクトリに参加したデバイスをIntuneから一元管理

　使用している環境にIntuneが導入されている場合、Azure AD Joinしたデバイスを、自動的にIntuneにも登録できます。そうすれば、管理者は、Azure AD Joinで登録されたデバイスをIntuneから一括管理できます。たとえば、Azure AD Joinで登録されたデバイスに会社の業務で使用するアプリケーションを自動的に配布したり、組織のセキュリティ方針を満たすデバイスだけがOffice 365の自分のメールボックスにアクセスできるようにしたり、ユーザーが誤ってデバイスを紛失した際にデバイス内のデータをリモートから消去する、ことなどを行えます。

　Azure AD JoinしたデバイスをIntuneにも自動登録するには、Azureのクラシックポータルから、Intuneアプリケーションの構成を変更します。Azureのクラシックポータルで、Azure ADディレクトリの［アプリケーション］タブを開き、一覧の中から［Microsoft Intune］アプリケーションをクリックし、［構成］タブを開きます。［これらのユーザーのデバイスの管理］で、Intuneに登録する範囲を設定します。

**自動的にIntuneにもデバイスを登録する設定**

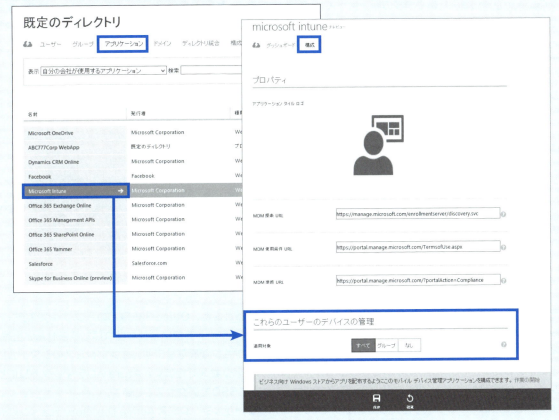

- すべて　　：Azure AD JoinしたすべてのデバイスをIntuneに登録する。
- グループ　：指定されたグループにユーザーが所属している場合、Intuneにデバイスを登録する。
- なし　　　：Intuneへの自動登録はしない（既定）。

　画面の下部に表示される［保存］をクリックし、設定を保存します。これ以降、Azure AD Joinしたデバイスが、Intuneにも登録されるようになります。

## 2 Windows Server Active DirectoryとAzure Active Directoryのディレクトリ同期とパスワード同期

### ディレクトリ同期とパスワード同期

　本書の第1章からここまで、Azure ADという、マイクロソフトのパブリッククラウドのディレクトリサービスのことだけを見てきました。しかし、既にオンプレミスにWindows Server Active Directoryのフォレストを展開している組織（企業や学校）の場合、Azure ADディレクトリを構成することで、組織の管理者が管理すべきディレクトリが2つになります。

　その結果、企業の新入社員や学校の新入生が入れば、2つのディレクトリにユーザーを登録します。企業の人事異動や学生が所属する学科に合わせて、2つのディレクトリでグループメンバーとユーザー属性を管理します。そして、ユーザーが退職したり、学生が卒業した場合は、2つのディレクトリからユーザーを削除しなければなりません。これでは、管理者の負担が大きくなってしまいます。

**2つのディレクトリの管理は大変**

　そして、ユーザーは、オンプレミスのシステムにサインインするときと、Office 365などのパブリッククラウドサービスにサインインするときとで、ユーザーアカウント名とパスワードを使い分けなければなりません。当然、サインインするアカウントによって、アクセスできるアプリケーションが異なります。オンプレミスのシステムにサインインした場合は、組織内のアプリケーションやリソースにアクセスできます。Azure ADディレクトリにサインインした場合は、Office 365などのSaaSアプリケーションにSSOでアクセスできます。

　また、Azure ADディレクトリと異なる構成のパスワードポリシーがオンプレミスActive Directoryドメインに適用されている場合、パスワードの最低文字数や有効期限などのルールが、オンプレミスActive DirectoryドメインとAzure ADディレクトリとで異なってしまい、ユーザーが混乱してしまいます。

## 2つのディレクトリを使い分けるのは大変

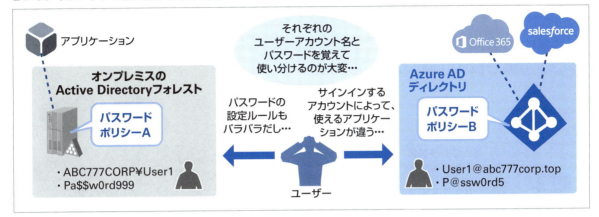

これでは非効率的であり、管理者とユーザーの業務効率を上げにくいです。

これらの問題を解消する1つの手段として、オンプレミスActive DirectoryフォレストとAzure ADディレクトリ間で、アカウント情報を同期する方法があります。これを「ディレクトリ同期」と呼びます。ディレクトリ同期を行うと、オンプレミスActive Directoryフォレストのアカウント情報が、Azure ADディレクトリに自動的に作成されます。そして、ユーザーアカウントと共に、パスワードも同期されます。これを「パスワード同期」と呼びます。

ディレクトリ同期とパスワード同期を構成すると、同期元フォレストからAzure ADディレクトリへ、一度、完全同期が行われます。それ以降は、変更された情報だけが差分で同期（差分同期）されます。既に同期されたアカウントが、何度も同期されることはありません。ディレクトリ同期は既定で30分おきに実行され、このスケジュールは変更できます。それに対して、パスワード同期はもっと頻繁に実行され（2分間隔）、このスケジュールを変更することはできません。

ディレクトリ同期とパスワード同期は、基本的には、オンプレミスのActive DirectoryフォレストからAzure ADディレクトリへの一方向です（ただし、一部例外もあります）。

## ディレクトリ同期とパスワード同期

ディレクトリ同期とパスワード同期によって、管理者とユーザーは、次のメリットを得られます。

- 管理者は、同期元フォレストでアカウントをまとめて管理できるようになるため、Azure ADディレクトリでの管理タスクがシンプルになる。
- ユーザーは、同期元フォレストと同じユーザーアカウント名とパスワードで、Azure ADディレクトリにもサインインできる。そして、そのアカウントで、Azure ADディレクトリに統合されているアプリケーションにSSOで

アクセスできる。
- ユーザーのパスワードは、同期元フォレストで構成しているルールのみ適用される。管理者は、同期元フォレストのパスワードポリシーだけを管理すればよい。

## ディレクトリ同期とパスワード同期によるメリット

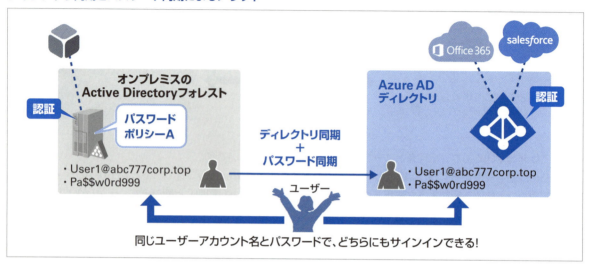

　ディレクトリ同期とパスワード同期によって、それぞれのディレクトリに同じユーザーアカウント名とパスワードが登録されますが、認証はそれぞれのディレクトリで行われます。

　もし、オンプレミスのActive Directoryドメインで1回認証し、Azure ADディレクトリにSSOでアクセスさせたい場合は、オンプレミスのActive DirectoryドメインとAzure ADディレクトリ間でフェデレーション信頼を構成する必要があります。

---

**参照**

「フェデレーション」サービスの概念、基本用語、AD FSサーバーの構成手順、Office 365とのSSO構成の詳細は、本書と同シリーズの書籍「ひと目でわかる AD FS 2.0&Office 365連携」を参照してください。

http://ec.nikkeibp.co.jp/item/books/P94720.html

---

ディレクトリ同期が構成されたとしても、Azure ADディレクトリ内に直接ユーザーやグループを作成できます。Azure ADディレクトリ内で直接作成されたユーザーのパスワードには、引き続き、Azure ADで定義されているパスワードポリシーが適用されます。Azure ADのパスワードポリシーの詳細は、次のサイトを参照してください。

「**Azure ADでのパスワードポリシー**」
https://msdn.microsoft.com/ja-jp/library/azure/jj943764.aspx

## Azure AD Connect（同期ツール）

　ディレクトリ同期とパスワード同期は、「Azure AD Connect」という専用のツールを使用します。Azure AD Connectを実行するサーバーのことを、「同期サーバー」と呼びます。

> 従来のディレクトリ同期ツールである、Azure Active Directory Sync（DirSync）およびAzure AD Syncは、2017年4月13日でサポートが終了します。今後は、Azure AD Connectを使用してください。

　このツールは、オンプレミスに展開しているWindows Server 2008以降のサーバーにインストールして、実行します。Azure AD Connectは、Azureのクラシックポータル内、または、マイクロソフトのダウンロードセンターからダウンロードできます。

### 同期サーバー

> 同期サーバーを、オンプレミスActive Directoryドメインに参加させるかどうかは、Azure AD Connectの設定方法（簡易設定またはカスタム設定）によって異なります。Azure AD Connectの簡易設定を使用する場合は、ドメインのメンバーサーバーにしてください。Azure AD Connectのカスタム設定を使用する場合は、ドメインに参加させなくても構成できます。本章では、この後、Azure AD Connectのカスタム設定の手順を見ていきます。

　ディレクトリ同期とパスワード同期では、同期元フォレストからアカウント情報とパスワードハッシュを読み込んで、それを同期先であるAzure ADディレクトリに書き込む、という作業が行われます。この読み込みと書き込みの作業は、同期サーバー上で実行される「Microsoft Azure AD Sync」というサービスが担当します。Microsoft Azure AD Syncサービスのアカウント（サービスアカウント）は、Azure AD Connect構成時に自動作成できますが、管理者がオンプレミスのドメインユーザーとして事前に作成し、Azure AD Connect構成時に指定することもできます。

　Azure AD ConnectとAzure ADディレクトリ間の同期処理は、インターネットで一般的に使用されているHTTPS（443ポート）が使用されます。

### Microsoft Azure AD Syncサービス

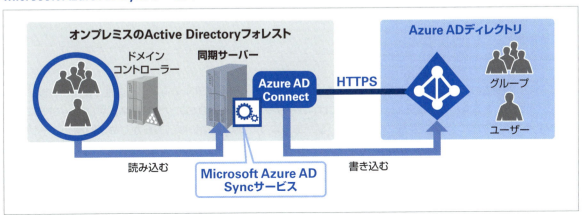

また、ディレクトリ同期を行うには、情報を受け取る側であるAzure ADディレクトリに対して、「ディレクトリ同期のアクティブ化」という設定が必要です。

### ディレクトリ同期のアクティブ化

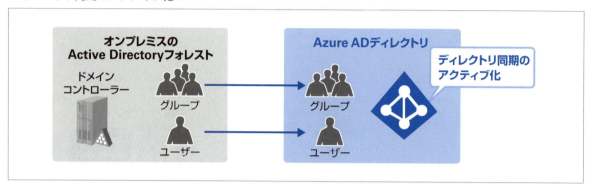

　次の図は、同期サーバーを構成した後、Azureのクラシックポータルで、Azure ADディレクトリの［ディレクトリ統合］タブを開いた画面です。既定では、ディレクトリ同期は非アクティブ化の状態ですが、同期サーバーを構成すると、自動的にアクティブ化が設定されます。

### Azure ADディレクトリの同期のアクティブ化

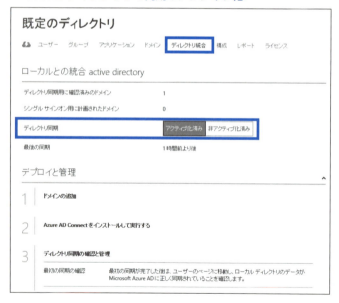

　ところで、同期先のアカウント名には、同期元アカウントのUserPrincipalNameという属性が使用されます。最終的に、同期先であるAzure ADディレクトリ側には、ユーザーがAzure ADのアクセスパネルやOffice 365にサインインする際のアカウント名が登録されている必要があります。そのためには、あらかじめ、同期元ユーザーのUserPrincipalName属性を、Azure ADディレクトリにサインインするときのアカウント名と一致させておかなければなりません。これは、同期を実行する前に行う必要があります。

## 同期元ユーザーのUserPrincipalName属性と同期先ユーザーのアカウント名

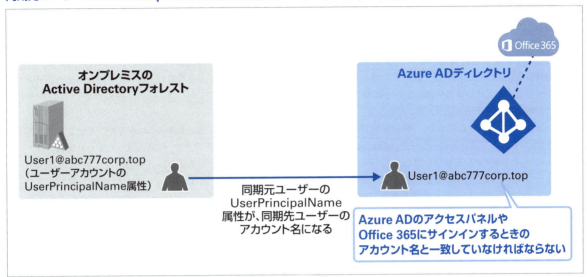

　同期元ユーザーのUserPrincipalName属性は、＜アカウント名＞＠＜ドメイン名＞という形式です。「＠」の右側の＜ドメイン名＞には、オンプレミスActive DirectoryドメインのUPNサフィックスがセットされます。
　次の図は、オンプレミスのドメインコントローラーで、[Active Directoryドメインと信頼関係] コンソールを開き、UPNサフィックスを確認している画面と、[Active Directoryユーザーとコンピューター] コンソールからUser1のプロパティを開き、User1ユーザーのUserPrincipalName属性を確認している画面です。ここでは、同期元フォレストのUPNサフィックス「abc777corp.top」が、User1ユーザーのUserPrincipalName属性のドメイン名にセットされています。これは、Azure ADディレクトリのカスタムドメイン名と一致しているので、同期の準備は整っています。

## ユーザーアカウントのUserPrincipalName属性とUPNサフィックス

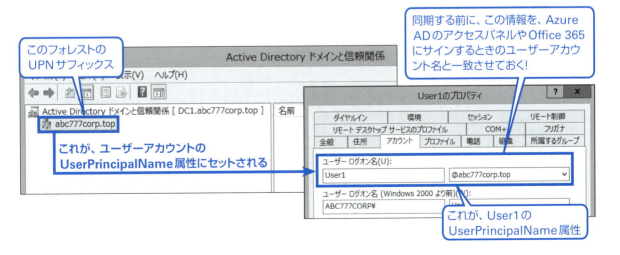

## コラム　UserPrincipalName属性の変更と代替IDの構成

　既定では、UPNサフィックスに、オンプレミスActive Directoryドメインの名前がセットされ、それがユーザーアカウントのUserPrincipalName属性のドメイン名にセットされます。もし、同期元フォレストでabc777corp.localのようなドメイン名を構成している場合、UPNサフィックスがabc777corp.localとなり、ユーザーアカウントのUserPrincipalName属性が＜ユーザー名＞@abc777corp.localとなります。これでは、ユーザーがAzure ADディレクトリにサインインするアカウントとは違う名前になってしまいます。
　この問題を解決する方法は、2つあります。
　1つは、同期元フォレストで、代わりのUPNサフィックスを追加することです。代わりのUPNサフィックスを追加するには、ドメインコントローラーで［Active Directoryドメインと信頼関係］コンソールを起動し、ルートを右クリックして［プロパティ］をクリックし、Azure ADディレクトリにサインインする際のドメイン名を［代わりのUPNサフィックス］として追加します。そして、［Active Directoryユーザーとコンピューター］コンソールを起動し、ユーザーアカウントのプロパティの［アカウント］タブで、アカウントのUserPrincipalName属性の「@」の右側（ドメイン名）を、追加したUPNサフィックスに変更します。

### 代わりのUPNサフィックスの追加

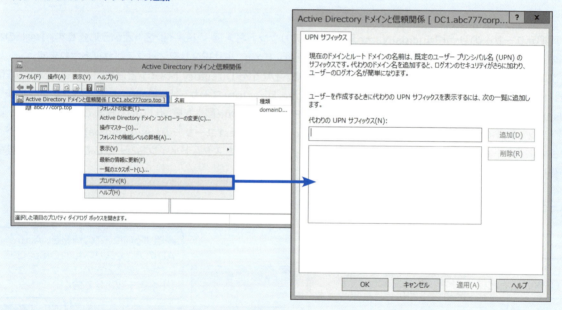

　もう1つは、UserPrincipalName属性ではなく、電子メールアドレスなど、他の属性をディレクトリ同期で使用する方法です。これを、「代替ID」と呼びます。代替IDを使用すれば、ユーザーのUserPrincipalName属性を変更する必要はありません。
　Azure AD Connectのカスタム構成と代替IDの詳細は、次のサイトを参照してください。

#### 「Azure AD Connectのカスタムインストール」
https://azure.microsoft.com/ja-jp/documentation/articles/active-directory-aadconnect-get-started-custom/

#### 「代替ログインIDを構成します。」
https://technet.microsoft.com/library/dn659436.aspx

Azure AD Connectツールはマルチフォレストに対応しているので、同期元に複数のフォレストを指定できます。ただし、同期サーバーとAzure ADディレクトリは、1対1の関係で構成します。次の図は、同期サーバーがサポートしている構成のパターン（トポロジー）です。

### 同期サーバーの構成パターン（トポロジー）

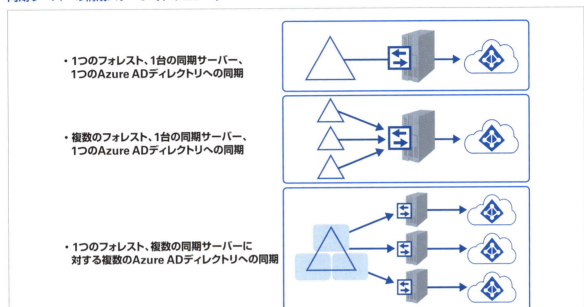

　なお、1つのフォレストと1つのAzure ADディレクトリに対して複数の同期サーバーを構成する、1つのフォレストを複数のAzure ADディレクトリに多重同期するような構成（トポロジー）は、サポートされていません。

> **参照**
>
> Azure AD Connectの同期サーバーがサポートしているトポロジーとサポートしていないトポロジー、Azure AD Connectのインストール要件、Azure AD Connectの仕様など、Azure AD Connectの詳細は、次のサイトを参照してください。
>
> 「オンプレミスIDとAzure Active Directoryの統合」
> https://azure.microsoft.com/ja-jp/documentation/articles/active-directory-aadconnect/

## Azure AD Connectの同期規則の構成と実行

　Azure AD Connectをダウンロードし、同期規則を構成し、同期を実行するまでの手順を、順番に見ていきます。ここでは、Azure AD Connectをカスタム設定で構成します。構成手順を解説する前に、本書で使用する環境を紹介しておきます。

### 本書で使用する環境

　Azure ADディレクトリには、カスタムドメイン名「abc777corp.top」を設定し、それがユーザーのアカウント名に使用されています。たとえば、Azure ADディレクトリのOnlineUser1ユーザーのアカウント名は、OnlineUser1@abc777corp.topです。

そして、オンプレミスActive Directoryフォレストを、Azure ADディレクトリのカスタムドメイン名と同じ名前（abc777corp.top）で展開しています。つまり、オンプレミスActive DirectoryフォレストのUPNサフィックスが、Azure ADディレクトリのカスタムドメイン名と一致している、シンプルな構成です。
　ここでは、オンプレミスに展開しているSVR1というWindows Server 2012 R2サーバーに、Azure AD Connectをインストールし、SVR1を同期サーバーとして構成します。

## 本書のサーバー構成

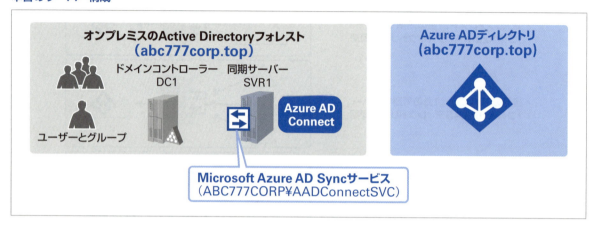

　そして、同期サーバーのMicrosoft Azure AD Syncサービスのサービスアカウントを指定できるように、事前に「AADConnectSVC」という名前のドメインユーザーを作成しました。サービスアカウントに必要な権限は、Azure AD Connectが自動的に付与するので、一般のドメインユーザーとして作成すればよいです。

### Microsoft Azure AD Syncサービスのサービスアカウント

さらに、このドメインに「abc777corp_Users」OU（組織単位）を作成し、その中に4人のユーザー（User1からUser4）と、その4人をメンバーとする「ABC777Group」グループを作成しました。

ユーザーのUserPrincipalName属性には、既定のUPNサフィックス「abc777corp.top」がセットされています。これは、Azure ADディレクトリのカスタムドメイン名と一致しています。

### 同期元のユーザーとグループ

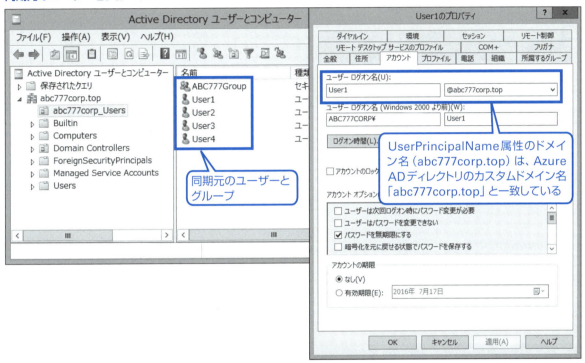

この環境に、ディレクトリ同期とパスワード同期を構成し、実行してみます。

## Azure AD Connectのダウンロードとインストール、同期規則の構成と実行

Azure AD Connectのダウンロードとインストールを行います。次に、Azure AD Connectの構成ウィザードを実行して同期規則を構成し、同期処理を実行します。

① 同期サーバーとなるSVR1で、Webブラウザーを起動する。
② 管理者として、Azureのクラシックポータルにアクセスする。
③ 左側の［ACTIVE DIRECTORY］、［既定のディレクトリ］の順にクリックする。
④ 一番左側のダッシュボードのページで、［Azure AD Connectをダウンロードする］をクリックする。

**Azure ADディレクトリのダッシュボードページ**

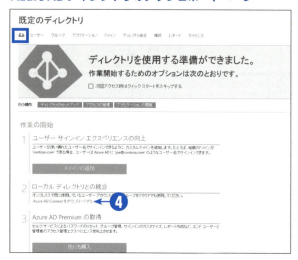

⑤ Azure AD Connectのダウンロードページが表示されたら、［Download］をクリックする。

**Azure AD Connectのダウンロード**

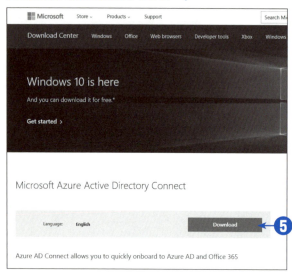

⑥［実行］をクリックする。
　Azure AD Connectがインストールされ、デスクトップにAzure AD Connectのショートカットが作成され、Azure AD Connectの構成ウィザードが起動される。

⑦ ライセンス条項のチェックボックスをオンにする。
⑧ ［続行］をクリックする。
⑨ ［簡単設定］ページで設定方法を選択する。ここでは、［カスタマイズ］を選択している。

### Azure AD Connectのカスタムセットアップ

⑩ ［必須コンポーネントのインストール］ページで、［既存のサービスアカウントを使用する］チェックボックスをオンにし、事前に用意したサービスアカウントのアカウント名とパスワードを指定する。
　　ここでは、「ABC777CORP¥AADConnectSVC」ドメインユーザーを指定している。
⑪ ［インストール］をクリックすると、必須コンポーネントが自動的にインストールされる。

### 事前に作成したサービスアカウントを指定

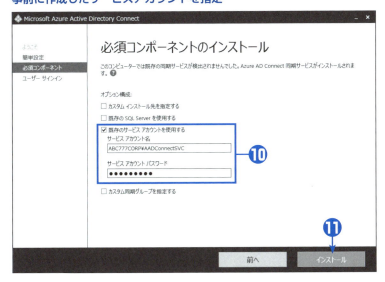

⑫ ［ユーザーサインイン］ページでは、［パスワード同期］が選択されていることを確認し、［次へ］をクリックする。

## パスワード同期を選択

> ［ユーザーサインイン］ページで［AD FS とのフェデレーション］を選択すると、オンプレミスに、同期サーバー、AD FS サーバー、Web アプリケーションプロキシサーバーを構成してくれます。

⑬ ［Azure AD に接続］ページで、同期先 Azure AD ディレクトリの全体管理者のユーザーアカウント名とパスワードを入力する。
⑭ ［次へ］をクリックする。

## Azure AD ディレクトリ管理者の資格情報を入力

⑮ [ディレクトリの接続] ページで、同期元フォレストのエンタープライズ管理者のユーザーアカウント名とパスワードを入力する。
⑯ [ディレクトリの追加] をクリックする。
⑰ オンプレミスのActive Directoryフォレストが、同期元として追加されたことを確認し、[次へ] をクリックする。

**同期元フォレストの指定**

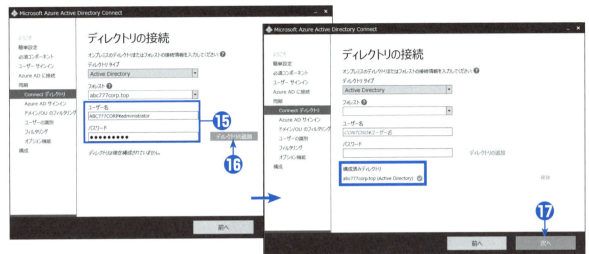

⑱ [Azure ADサインインの構成] ページで、同期元フォレストのUPNサフィックスと、同期先Azure ADディレクトリのドメイン名が一致していることを確認し、[次へ] をクリックする。
　ここでは、同期元フォレストのUPNサフィックスも、同期先Azure ADディレクトリのカスタムドメイン名も、「abc777corp.top」という同じ名前で構成されている。

**同期元UPNサフィックスと同期先Azure ADドメイン名の一致確認**

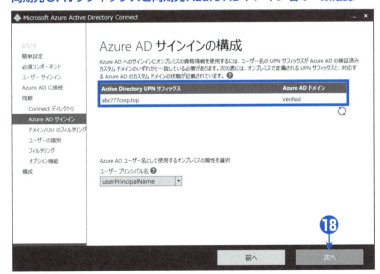

⑲ ［ドメインとOUのフィルタリング］ページで、同期対象とするOU（組織単位）を選択する。ここでは、「abc777corp_Users」OUを選択している。
⑳ ［次へ］をクリックする。

**同期対象とするOUの選択**

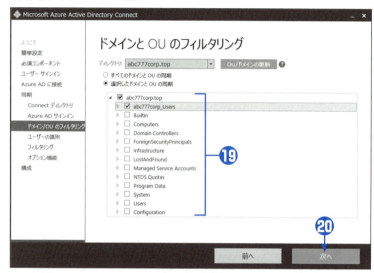

㉑ ［一意のユーザー識別］ページで、同期されたユーザーを既定のObjectGUID属性で判別することを確認し、［次へ］をクリックする。

**ユーザーを一意に識別する属性の設定**

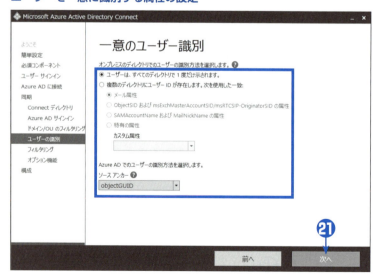

㉒［ユーザーおよびデバイスのフィルタリング］ページで、同期対象を指定する。
　ここでは、既定の［すべてのユーザーとデバイスの種類］を選択している。
㉓［次へ］をクリックします。

**同期するユーザーおよびグループのフィルタリング**

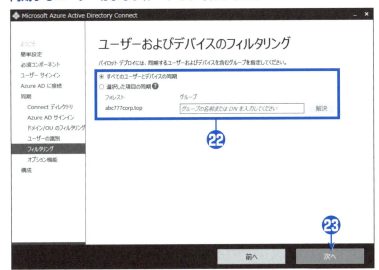

㉔［オプション機能］ページで、使用したい機能を選択する。ここでは、既定のまま進めている。
㉕［次へ］をクリックするす。

**オプション機能の選択**

> 本書では、同期規則を構成して初回の完全同期を実行した後、同期規則のオプション機能を変更して「パスワードの書き戻し」を有効にする手順と、パスワードの書き戻し機能について、見ていきます。
> パスワードの書き戻しは、Azure ADディレクトリのPremiumエディションの機能です。

㉖［構成の準備完了］ページで、［構成が完了したら、同期処理を開始してください］チェックボックスをオンにする。
㉗［インストール］をクリックする。

**構成の準備完了**

㉘同期が完了するのを待つ。同期が完了したら［終了］をクリックして、ウィザードを閉じる。

**構成が完了**

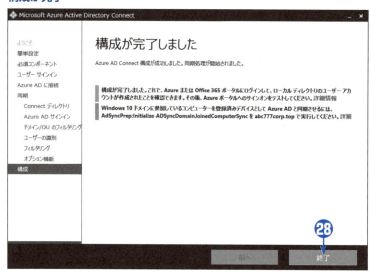

　初回は完全同期が実行されるので、少し時間がかかります。それ以降は、既定で、アカウント情報が30分おき、パスワードが2分おきに、差分同期が実行されます。パスワードの同期間隔は変更できませんが、アカウント情報の同期間隔は変更できます（Set-ADSyncScheduler コマンドレット）。

また、オンプレミスActive Directory側で大量にユーザー情報を更新した場合など、強制的にただちに同期を行いたい場合は、Azure AD Connectをインストールした同期サーバーで、Windows PowerShellモジュールを起動し、次のコマンドレットを実行してください。

```
Start-ADSyncSyncCycle -PolicyType Initial
```

または

```
Start-ADSyncSyncCycle -PolicyType Delta
```

PolicyTypeパラメーターに「Initial」を指定すると、完全同期が実行されます。
PolicyTypeパラメーターに「Delta」を指定すると、差分同期が実行されます。

> **参照**
>
> Azure AD Connectのスケジュール設定の詳細は、次のサイトを参照してください。
>
> 「**Azure AD Connect 同期：スケジューラ**」
> https://azure.microsoft.com/ja-jp/documentation/articles/active-directory-aadconnectsync-feature-scheduler/

## 同期したユーザーの管理

Azureのクラシックポータルを使用して、同期したユーザーを確認してみます。

① 管理者として、Azureのクラシックポータルにアクセスする。
② 左側の［ACTIVE DIRECTORY］、［既定のディレクトリ］の順にクリックする。
③ ［ユーザー］タブをクリックし、オンプレミスのユーザーアカウントが同期されたことを確認する。
　ここでは、User1、User2、User3、User4が同期された。

**同期されたユーザーの確認**

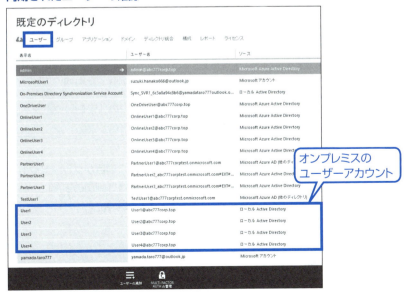

同期されたUser1は、Azure ADディレクトリに「User1@abc777corp.top」という名前のアカウントを持ったことにより、Azure ADディレクトリにサインインできるようになります。

次の図は、同期された「User1@abc777corp.top」ユーザーが、アクセスパネル（https://myapps.microsoft.com/）にサインインした画面です。

### 同期されたユーザーがアクセスパネルにサインイン

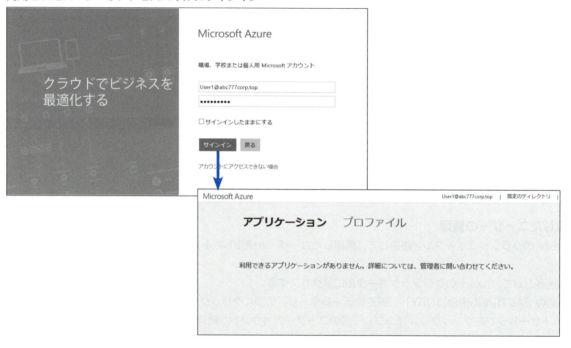

このユーザーにアクセス許可が割り当てられているアプリケーションがないため、アプリケーションのパネルは表示されませんが、無事にサインインできることを確認できました。

> **注意**
> アクセスパネルは、Azure ADディレクトリのFreeエディションで使用できる機能なので、無事にアクセスすることができました。しかし、同期されたユーザーには、ライセンスが何も割り当てられていません。
> したがって、同期されたユーザーが、Office 365、Azure AD Premiumエディション、Enterprise Mobility + Security（EMS）などの有料サービスを使用する場合は、同期が完了した後、必要なライセンスを割り当ててください。
> 同期されたユーザーのライセンスの割り当ては、AzureのクラシックポータルのAzure ADディレクトリの［ライセンス］タブで行います。

ところで、Azureのクラシックポータルで、同期したユーザーの属性情報を開いてみると、項目がグレーアウトされていて、Azure ADディレクトリ側から属性を編集できないことがわかります。そして、管理画面の下部に、一般のAzure ADユーザーには表示される、［パスワードのリセット］コマンドが表示されていません。

## 同期したユーザーの属性はAzure ADディレクトリ側から変更できない

Azure ADディレクトリ側から編集できない

[パスワードのリセット] コマンドもない

これが、同期されたユーザーの特徴です。基本的には、同期されたユーザーの管理は、同期元であるオンプレミス Active Directoryフォレスト側で行います。

> Azure ADディレクトリの［ユーザー］タブの一覧において、同期されたユーザーの［ソース］は、「ローカル Active Directory」と表示されています（「同期されたユーザーの確認」の図）。

同期元フォレストでユーザーを追加すれば、次の同期タイミングでAzure ADディレクトリにユーザーが追加され、同期元フォレストでユーザー属性を変更すれば、次の同期タイミングでAzure ADディレクトリのユーザー属性が変更され、同期元フォレストでユーザーを削除すれば、次の同期タイミングでAzure ADディレクトリからユーザーが削除されます。Azure ADディレクトリ側で、同期されたユーザーの属性変更や削除はできません。

> Azure ADディレクトリで同期を「非アクティブ化」すると、同期元フォレストとAzure ADディレクトリ間の同期の関係が切れます。どうしても、Azure ADディレクトリ側でアカウントを管理しなければならないような場合は、一度「非アクティブ化」したうえで必要な作業を行い、再び「アクティブ化」することもできます。Azure ADディレクトリの「アクティブ化」と「非アクティブ化」の切り替えは、Azure ADディレクトリの［統合］タブで行います（2節の「Azure AD Connect（同期ツール）」の図「Azure ADディレクトリの同期のアクティブ化」参照）。ただし、「非アクティブ化」には長時間要する場合もあります。

### 同期ユーザーの管理は、オンプレミスActive Directoryフォレストから行う

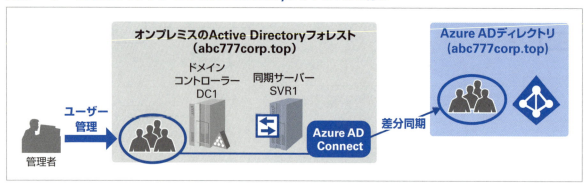

　しかし、パスワード管理においては例外があります。Azure AD Connectの同期規則で「パスワードの書き戻し」機能を有効にすると、Azure ADディレクトリ側からパスワードリセットし、それを同期元フォレストに向けて反映する（書き戻す）ことができます。

### パスワードの書き戻し

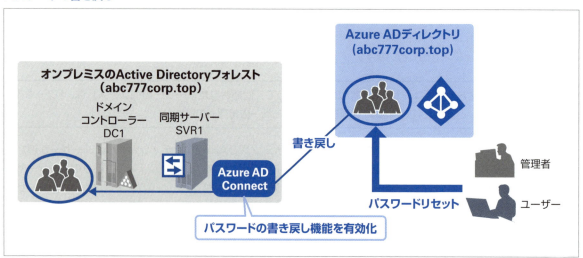

　それでは、Azure AD Connectの同期規則の変更手順と、パスワードリセットと書き戻しについて、見ていきましょう。

> パスワードの書き戻しは、Azure ADディレクトリのPremiumエディションの機能です。ユーザーによるセルフパスワードリセットも、Azure ADディレクトリのPremiumエディションの機能です。

# Azure AD Connectの同期規則の変更とパスワードの書き戻し

## Azure AD Connectの同期規則の変更

　一度構成した同期規則を変更する場合は、デスクトップに作成されたAzure AD Connectショートカットをダブルクリックします。起動されたウィザードの［追加のタスク］ページで、［同期オプションのカスタマイズ］をクリックし、［次へ］をクリックします。

**同期規則の変更**

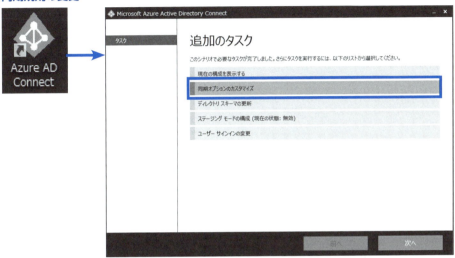

　ウィザードの指示に従って、Azure ADディレクトリの全体管理者としてサインインした後、同期規則を変更します。ここでは、［オプション機能］ページを使用して、［パスワードの書き戻し］オプションを有効にします。

**［パスワードの書き戻し］オプションの有効化**

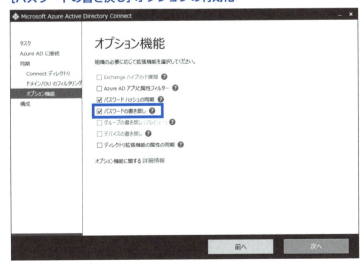

［次へ］をクリックし、［インストール］をクリックします。これで、同期規則が変更されます。同期規則を変更した場合は、完全同期が実行されます。

## パスワードリセットとパスワードの書き戻し

　［パスワードの書き戻し］オプションを有効にすると、同期されたユーザーに対して、Azure ADディレクトリからパスワードをリセットできるようになります。パスワードリセットは、管理者が行うことも、ユーザー本人が行うこともできます。

　次の図は、管理者がAzureのクラシックポータルからパスワードをリセットしている画面です。［パスワードの書き戻し］オプションを有効にすると、管理画面の下部に［パスワードのリセット］コマンドが表示されるようになります。

**管理者によるパスワードリセット**

　次の図は、ユーザー本人がパスワードリセットポータル（https://passwordreset.microsoftonline.com/）を使用して、パスワードをリセットしている画面です。［パスワードの書き戻し］オプションを有効にしたことで、ユーザー本人もパスワードをリセットできるようになりました。

#### ユーザー本人によるパスワードリセット

> 管理者がパスワードをリセットする場合も、ユーザー本人がパスワードをリセットする場合も、同期元ドメインのパスワードポリシーが適用されます。

　そして、Azure ADディレクトリからリセットされた新しいパスワードは、同期元フォレストに書き戻されます。つまり、Azure AD Connectの［パスワードの書き戻し］オプションが有効になっていると、ユーザー本人が、間接的にオンプレミスActive Directoryフォレストの自分のWindowsのパスワードを変更できる、ということです。

#### ユーザー本人が自分のWindowsのパスワードをリセットできる

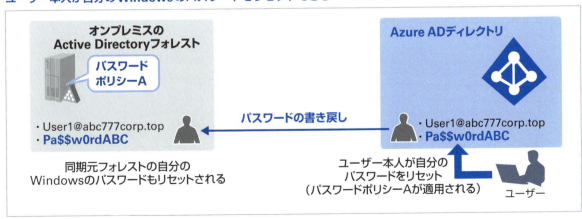

　この機能は、ユーザーの生産性を向上させるだけでなく、ヘルプデスクの作業負荷も減らすことができます。

「パスワードの書き戻し」は、Azure ADディレクトリのPremiumエディションの機能なので、Azure AD Premiumライセンスが必要です。

管理者はもちろんですが、パスワードリセットを行わせたいユーザーにAzure AD Premiumライセンスが割り当てられていない場合、次のような警告が表示され、リセットはできません。

### パスワードリセットにはAzure AD Premiumライセンスが必要

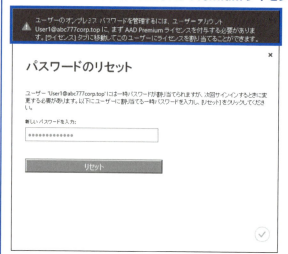

---

**参照**

本書全体を通して、パスワードの話がいろいろ登場しました。Azure ADディレクトリにおけるパスワード管理の構成のまとめは、次のサイトを参照してください。

「パスワード管理のしくみ」
https://azure.microsoft.com/ja-jp/documentation/articles/active-directory-passwords-how-it-works/

## A

Access Panel Extension ........................................... 114, 144
  サポートしているブラウザー ............................... 147
Active Directory ドメイン ........................................... 196
Active Directory ドメインサービス（AD DS）................... 3, 8
Active Directory フェデレーションサービス（AD FS）...... 116, 208
Azure ............................................................ 2, 32, 36
  DNSゾーン ................................................. 65
  管理者 ......................................................... 40
  サブスクリプションをOffice 365に譲渡 ............. 53
Azure Active Directory（Azure AD）........ 2, 4, 8, 10, 15, 206
  Basic エディション .........................23, 26, 83, 89, 118, 162
  Free エディション ........................................... 23
  Premium エディション ...................................
  .................23, 26, 83, 89, 100, 103, 112, 118, 148, 162, 226
  エディション ............................................... 3, 23
  管理者 ..................................................... 40, 42
  サブスクリプション ........................................ 25
  サブスクリプションの関連付け ........................ 28
  サブスクリプションの購入 ............................... 26
  パスワードポリシー ........................................ 208
  ライセンス ..................................................... 25
  レポート .................................................. 7, 148
Azure Active Directory Sync（DirSync）........................ 209
Azure AD B2B コラボレーション ................................. 150
  CSV ファイル ................................................ 154
  構成 ............................................................. 152
Azure AD B2C ........................................................ 161
Azure AD Connect ..................................... 9, 208, 213
Azure AD Join（Azure AD参加）............................ 192, 196
  構成 ............................................................. 198
  デバイスをIntuneで一元管理 ......................... 205
Azure AD PowerShell モジュール .................... 17, 20, 154
Azure AD Rights Management ................................... 80
Azure AD Sync ....................................................... 209
Azure AD アプリケーションプロキシ ...................... 162, 188
  構成 ............................................................. 163
Azure AD ディレクトリ ............................. 12, 112, 196
  Facebookとの統合 ........................................ 122
  Salesforceとの統合 ....................................... 126
  Webアプリの発行 ......................................... 166
  アカウントの割り当て .................................... 118
  アカウントプロビジョニング .......................... 118
  アクセス許可の割り当て ................................. 117
  アプリの追加 ................................................ 111
  管理ツール ..................................................... 17
  削除 ............................................................... 55
  作成 ............................................................... 36
  シングルサインオン（SSO）の構成 ..................113

  信頼する〜の変更 .......................................... 50
  追加 ............................................................... 49
  追加表示 ......................................................... 51
  追加表示した〜の削除 ..................................... 56
  統合 ............................................................... 34
  ドメイン名 ..................................................... 59
  ユーザーアカウント ......................................... 58
Azure AD テナント ............................................ 2, 12
  作成 ............................................................... 36
Azure AD ドメインサービス ....................................... 16
Azure AD のシングルサインオン（Azure AD SSO）... 114, 116, 126
Azure Authenticator ...................................... 173, 182
Azure Information Protection ................................... 80
Azure MFA ................................................. 173, 176
  アプリに対して有効化 ............................... 175, 185
  社内のWebアプリに対して有効化 ................... 188
  バージョン ................................................... 176
  ユーザーに対して有効化 ........................... 175, 178
Azure MFA モバイルアプリ ............................. 173, 182
Azure 仮想マシン ..................................................... 15
Azure 管理者用MFA ................................................ 176
Azure ポータル ................................................. 17, 18

## C

Cloud App Discovery ............................................... 110
Cloud App Security ................................................. 110
CNAME レコード .................................................... 170
Concur ...................................................................... 2

## D

DNS サーバー ..................................... 62, 64, 170
Dropbox ................................................................... 2
Dynamics CRM Online .................................. 2, 32, 36

## E

Enterprise Mobility + Security（EMS）.................... 26, 176

## F

Facebook ........................................................ 2, 122

## I

IaaS ......................................................................... 2
ID 管理 ..................................................................... 2
Intune .................................... 2, 32, 36, 198, 205
Intune アカウントポータル ...................................... 17

## K

Kerberos ................................................................. 11

## L

LDAP .................................................................. 11

## M

Microsoft Azure AD Sync サービス ...................... 209
Microsoft Identity Manager（MIM）................................. 23
Microsoft Passport............... 192, 195, 196, 198
Microsoft アカウント ........................................ 10, 33
MX レコード............................................................. 64

## O

OAuth 2.0.............................................................. 11
Office 365............................................. 2, 32, 36
Office 365 MFA ............................................... 176
　有効化 ........................................................... 179
Office 365 管理センター ...................................... 17
　パスワードリセット ...................................... 88
　ライセンスの割り当て.................................... 85
Office 365 グループ ............................................ 98
OpenID Connect.................................................. 11

## P

PaaS ....................................................................... 2
PIN コード .............................................193, 195
　設定 ............................................................... 201
　変更 ............................................................... 204
PKI ..................................................................... 194

## R

REST API.............................................................. 11

## S

SaaS...........................................................106, 108
　未管理のアプリの検出.................................... 110
Salesforce............................................... 2, 126
SAML ....................................................... 11, 132

## T

TXT レコード..................................... 62, 64

## U

UPN サフィックス..................................... 212
UserPrincipalName 属性........................... 210, 212

## W

Windows 10...................................................... 192
　Active Directory ドメインへの参加...................... 196
　Azure AD ディレクトリへの参加 ...................... 196
Windows Hello.............................................. 195

Windows Server Active Directory（Windows Server AD）
........................................... 3, 8, 10, 15, 206
Workplace Join（社内参加）......................... 198
WS-Federation ........................................... 11

## あ

アカウント管理者 ....................................... 41
アカウントプロビジョニング ............ 117, 118, 136
アクセスパネル........................... 6, 109, 144
アプリケーションギャラリー ........................ 111
アプリケーション統合 .................. 6, 107, 108
　構成 ............................................................... 110
アプリケーションの企業間連携........................ 150
アプリケーションプロキシコネクタ ......... 162, 164
一時パスワード........................................... 73
オンプレミス ............................................ 2, 8

## か

外部ユーザー .......................................... 58, 70
課金管理者 ............................................... 42
カスタムドメイン .......................... 60, 67, 170
　設定 ............................................................... 61
管理者によるパスワードリセット ........... 86, 228
既存の Microsoft アカウントを持つユーザー ...................... 70
　活用例............................................................ 80
　追加 ............................................................... 77
既存のシングルサインオン（SSO）............. 114, 117
既定のディレクトリ ...................................... 45
共同管理者 ............................................... 41
クラシックポータル ...................................... 18
グループ................................................... 95
　管理の委任 .................................................. 103
　所有者の追加................................................ 103
　セルフ管理 ...................................103, 104
　追加 ............................................................... 96
　メンバーの追加 ........................................... 99
グループポリシー ........................................ 13
公開鍵 ..................................................... 194
個人用 RMS ............................................... 80
ごみ箱 ..................................................... 77

## さ

サービス管理者......................................... 41, 42
サインアップ........................................... 32
　使用できるアカウント ............................ 33
自社開発したアプリ ................................... 112
社外から社内の Web アプリにアクセス ............ 162
シャドウ IT.............................................. 110
招待されたアプリケーション ..................... 151

| 招待されたグループ | 151 |
| 承認 | 107 |
| 証明書 | 131 |
| 　更新 | 142 |
| 職場または学校アカウント | 33 |
| シングルサインオン（SSO） | 2, 5, 8, 108, 144 |
| 生体認証 | 195 |
| 静的グループ | 95 |
| 　メンバーの追加 | 99 |
| セキュリティグループ | 96 |
| セキュリティトークン | 136 |
| セルフパスワードリセット | 86, 89 |
| 全体管理者（グローバル管理者） | 42, 46 |
| 組織内のユーザー | 58, 70 |
| 　追加 | 71 |
| 組織レベルのアカウント | 10 |

## た

| 代替ID | 212 |
| 多要素認証 | 7, 73, 77, 172, 194 |
| 　認証のバイパス | 180 |
| 　ワンタイムバイパス | 188 |
| ディレクトリサービス | 4 |
| ディレクトリ同期 | 206 |
| 　アクティブ化/非アクティブ化 | 225 |
| 　実行 | 223 |
| 　同期規則の構成 | 213 |
| 　同期規則の変更 | 227 |
| 　ユーザーの管理 | 225 |
| ディレクトリ統合 | 8 |
| デバイス登録サービス | 197 |
| 同期サーバー | 208 |
| 　構成パターン（トポロジー） | 213 |
| 動的グループ | 95 |
| 　メンバーの追加 | 100 |
| ドメインコントローラー | 8, 12, 15 |
| ドメイン名 | 59, 67 |

## な

| 認可 | 2, 107, 109 |
| 認証 | 2, 107, 109 |

## は

| パートナー会社のユーザー | 70, 150 |
| 配布グループ | 97 |
| パスワード | |
| 　管理 | 230 |
| 　リセット | 86, 226, 228 |
| 　リセットを特定のユーザーに制限 | 94 |

| パスワード管理者 | 42 |
| パスワードシングルサインオン（パスワードSSO） | 114, 122 |
| パスワード同期 | 206 |
| パスワードの書き戻し | 226 |
| 　設定 | 227 |
| パスワードリセットポータル | 92, 228 |
| パブリッククラウド | 2 |
| 秘密鍵 | 194 |
| フェデレーション | 8 |
| フェデレーション信頼 | 131 |
| 　証明書の更新 | 142 |
| フェデレーションベースのシングルサインオン（フェデレーションSSO） | 114 |
| フォレスト | 12 |
| プライマリドメイン | 67 |
| 別のAzure ADディレクトリのユーザー | 70 |
| 　追加 | 81 |

## ま

| マルチテナント | 12 |

## や

| ユーザー | 42, 58 |
| 　サインインの確認 | 75 |
| 　削除 | 77 |
| 　種類 | 70 |
| 　シングルサインオン（SSO） | 144 |
| 　追加 | 70 |
| 　ドメイン名の変更 | 69 |
| 　パスワードの設定 | 75 |
| 　パスワードリセット | 86, 89, 228 |
| 　ライセンスの割り当て | 83 |
| ユーザー管理者 | 42 |

## ら

| リバースプロキシ | 162 |
| ロール | 42 |

# 後書き

　本書をお読みいただき、ありがとうございました。Microsoft Azure Active Directory（以降、Azure AD）は、マイクロソフト製品にとどまらず、世界中のクラウド環境におけるID管理基盤となる重要なサービスです。本書は、Azure ADを初めて学ぶ方、これからAzure ADの導入を検討している方、既にOffice 365を使用している方など、多くの方々にAzure ADを「ひと目」で理解していただけるように、難しい内容もできる限りシンプルに、図解や画面ショットを多く入れて解説しました。1人でも多くの方に、Azure ADに興味を持っていただき、Azure ADを好きになっていただき、Azure ADを理解していただけたら、とても嬉しいです。

　Azure ADに限らず、パブリッククラウドサービスは日々進化し続けています。新たな機能が追加されることで、操作画面が変わることもよくあります。Azure ADの管理も、近い将来、必ず新しいAzureポータルにシフトしていきます。しかし、基本的な概念やアーキテクチャは、そう簡単には変わりません。Azure ADが誕生したのは2014年ですが、実際には、その前からOffice 365で使用されていて（2011年にOffice 365正式版が提供開始）、ディレクトリサービスとしての基本的な仕組みは変わっていません。したがって、今後、どのようにユーザーインターフェイスが変わろうとも、基本となるアーキテクチャを理解することが非常に大切です。表面的な操作画面にとらわれることなく、Azure ADの本質を理解し、どのような進化にも対応できる技術力を身に付けていってください。そして、新しい情報をキャッチアップする努力を、し続けてください。

　そして、Azure ADをより深く理解するためには、実際に環境を構築し、いろいろ試すことが必要です。この環境はMicrosoft Azureの無償評価版でも構成できるので、本書を参考にしながら、ぜひ試してみてください。そのときに、本書が1人でも多くの方のお役に立つことができたら、幸いです。また、弊社において、最新環境を使用したMicrosoft AzureとAzure ADのトレーニングを行っております（https://www.edifist.co.jp/it/class/microsoft_training/）。本書を活用していただきながら、体系立てたトレーニングにもご参加いただくことで、さらに深くAzure ADをご理解していただけると思います（私も、このコースを担当しておりますので、皆様とお会いできることを楽しみにしております）。

　また、2016年の6月、Gartnerの2016年度版「Magic Quadrant for Identity and Access Management as a Service (IDaaS)」で、Azure ADが「Leader」に位置付けられました！これは、Azure ADが世界トップクラスのセキュリティを備えたID/アクセス管理を実現できるサービスであり、これからも成長が期待できるサービスであることの証です。日々進化し続けるAzure ADを、これからも注目し、新しい情報をキャッチアップし続け、現在およびこれからのID管理基盤として、ぜひとも活用していってください。

> 「AzureADが2016 Gartner Magic QuadrantのIDaaS部門で「Leader」に選出」
> https://blogs.technet.microsoft.com/mssvrpmj/2016/06/09/azuread-%E3%81%8C-2016-gartner-magic-quadrant-%E3%81%AE-idaas-%E9%83%A8%E9%96%80%E3%81%A7%E3%80%8Cleader%E3%80%8D%E3%81%AB%E9%81%B8%E5%87%BA/

　最後になりましたが、本書の執筆の機会を与えてくださり、ご支援いただいた、日本マイクロソフト株式会社の皆様、日経BP社の編集に携わってくださった多くの方々に、心より感謝いたします。

エディフィストラーニング株式会社<br>
竹島 友理

## エディフィストラーニング株式会社

1997年に、株式会社野村総合研究所（NRI）の情報技術本部より独立し、IT教育専門会社の「NRIラーニングネットワーク株式会社」として設立。NRIが提供するシステムインテグレーション（SI）サービスにとって不可欠な、教育研修のノウハウを事業として独立させ、ITベンダートレーニングやシステム上流工程トレーニングにも力を入れる教育専門会社である。Microsoft専任講師の90%がマイクロソフトのMVP（Most Valuable Professional）もしくはトレーナーアワードを受賞している。数ある教育専門会社の中でも、Microsoft系講師の質の高さが有名。2009年4月、キヤノンマーケティングジャパン株式会社のグループ入りを機に「エディフィストラーニング株式会社」と社名を変更。
URL：https://www.edifist.co.jp/


## 竹島 友理（たけしま ゆり）ラーニングソリューション部

マイクロソフト認定トレーナー（MCT）として、マイクロソフト製品のトレーニングの開発と実施、書籍を執筆。主に、Microsoft Azure Active Directory、Microsoft Azure IaaS、Active Directoryドメインサービス（AD DS）、Active Directoryフェデレーションサービス（AD FS）、Exchange Server、Office 365などを担当し、Microsoftのイベントでカンファレンススピーカーも務める。過去に5度MCTトレーナーアワードを受賞し、2011年にはMCTトレーナーアワードとmstep（Microsoftパートナー様向けトレーニングプログラム）セミナーのInstructorアワードのダブル受賞を果たす。また、11回に渡り、Enterprise Mobility、Directory Services、Exchange Serverの分野でマイクロソフトのMVPを受賞し、2016年度も活動中。
URL：https://www.edifist.co.jp/trainer/microsoft_us/takeshima_yuri/

著書：
ひと目でわかるAD FS 2.0 & Office 365連携
ひと目でわかるExchange Server 2013
ひと目でわかるExchange Server 2010
ひと目でわかるExchange Server 2007

●本書についてのお問い合わせ方法、訂正情報、重要なお知らせについては、下記Webページをご参照ください。なお、本書の範囲を超えるご質問にはお答えできませんので、あらかじめご了承ください。

　　　　http://ec.nikkeibp.co.jp/nsp/

●ソフトウェアの機能や操作方法に関するご質問は、製品パッケージに同梱の資料をご確認のうえ、日本マイクロソフト株式会社またはソフトウェア発売元の製品サポート窓口へお問い合わせください。

## ひと目でわかる Azure Active Directory

2016年8月29日　　初版第1刷発行

| | | |
|---|---|---|
| 著　　　者 | エディフィストラーニング株式会社 竹島 友理 | |
| 発 行 者 | 村上 広樹 | |
| 編　　　集 | 柳沢 周治 | |
| 発　　　行 | 日経BP社 | |
| | 東京都港区白金1-17-3　〒108-8646 | |
| 発　　　売 | 日経BPマーケティング | |
| | 東京都港区白金1-17-3　〒108-8646 | |
| 装　　　丁 | コミュニケーションアーツ株式会社 | |
| DTP制作 | 日野 絵美 | |
| 印刷・製本 | 図書印刷株式会社 | |

・本書に記載している会社名および製品名は、各社の商標または登録商標です。なお、本文中に™、®マークは明記しておりません。

・本書の例題または画面で使用している会社名、氏名、他のデータは、一部を除いてすべて架空のものです。

・本書の無断複写・複製（コピー等）は著作権法上の例外を除き、禁じられています。購入者以外の第三者による電子データ化および電子書籍化は、私的使用を含め一切認められておりません。

© 2016 Edifist Learning Inc., Yuri Takeshima

ISBN978-4-8222-9879-1　　Printed in Japan